油气储运工程师技术岗位资质认证丛书

# 能源工程师

中国石油天然气股份有限公司管道分公司　编

石油工业出版社

## 内 容 提 要

本书系统介绍了油气储运能源工程师所应掌握的专业基础知识、管理内容及相关知识，并分三个层级给出相应的测试试题。其中，第一部分能源专业基础知识，主要介绍了节能节水基础知识和能源管理基础知识；第二部分能源技术管理及相关知识主要介绍了能源计量管理、节能节水统计与分析、节能节水测试及节能型企业创建等管理内容；第三部分能源工程师资质认证试题集，是评估相关从业人员岗位胜任能力的标准。

本书适用于油气储运能源工程师技术岗位和相关管理岗位人员阅读，可作为业务指导及资质认证培训、考核用书。

**图书在版编目(CIP)数据**

能源工程师／中国石油天然气股份有限公司管道分
公司编. —北京：石油工业出版社，2018.1
（油气储运工程师技术岗位资质认证丛书）
ISBN 978-7-5183-2099-8

Ⅰ.①能… Ⅱ.①中… Ⅲ.①石油资源-资格考试-
-自学参考资料②天然气资源-资格考试-自学参考资料
Ⅳ.①TE155

中国版本图书馆 CIP 数据核字(2017)第 222052 号

出版发行：石油工业出版社
　　　　　（北京安定门外安华里 2 区 1 号　100011）
　　　　　网　　址：www. petropub. com
　　　　　编辑部：(010)64523583　图书营销中心：(010)64523633
经　　销　全国新华书店
印　　刷　北京中石油彩色印刷有限责任公司

2018 年 1 月第 1 版　2018 年 1 月第 1 次印刷
787×1092 毫米　开本：1/16　印张：11.75
字数：280 千字

定价：55.00 元
（如出现印装质量问题，我社图书营销中心负责调换）

# 前　言

  《油气储运工程师技术岗位资质认证丛书》是针对油气储运工程师技术岗位资质培训的系列丛书。本丛书按照专业领域及岗位设置划分编写了《工艺工程师》《设备(机械)工程师》《电气工程师》《管道工程师》《维抢修工程师》《能源工程师》《仪表自动化工程师》《计量工程师》《通信工程师》和《安全工程师》10个分册。对各岗位工作任务进行梳理，以此为依据，本着"干什么、学什么，缺什么、补什么"的原则，按照统一、科学、规范、适用、可操作的要求进行编写。作者均为生产管理、专业技术等方面的骨干力量。

  每分册内容分为三部分，第一部分为专业基础知识，第二部分为管理内容，第三部分为试题集。其中专业基础知识、管理内容不分层级，试题集按照难易度和复杂程度分初、中、高三个资质层级，基本涵盖了现有工程师岗位人员所必须的知识点和技能点，内容上力求做到理论和实际有机结合。

  《能源工程师》分册由中国石油管道公司生产处牵头，中原输油气分公司和管道科技研究中心参与编写。其中，第一部分第一章由王春荣编写，第二章由王春荣、李楠编写，第三章由杨景丽、左迎春编写；第二部分第四章、第五章由王乾坤编写，第六章由刘国豪编写，附表由赵国星整理编写；第三部分试题集由王乾坤、杨景丽编写。刘国豪负责全文校对，杨景丽、王乾坤负责统稿，最后由审核组审定。

  在编写过程中，编写人员克服了时间紧、任务重等困难，占用大量业余时间，编者所在的单位和部门给予了大力的支持，在此一并表示感谢。因作者水平有限，内容难免存在不足之处，恳请广大读者批评指正，以便修订完善。

编者

# 目　录

# 第三部分　能源工程师资质认证试题集

# 能源工程师工作任务和工作标准清单

| 序号 | 工作任务 | 工作步骤、目标结果、行为标准（输油站、输气站） | | |
|---|---|---|---|---|
| | | 初级 | 中级 | 高级 |
| **业务模块一：能源计量管理** | | | | |
| 1 | 能源计量器具管理 | 建立能源计量器具的档案及一览表 | | |
| 2 | 能源计量器具配备 | | 判断计量器具的准确性，制订送检计划，并协调送检，制订相应的配备方案 | |
| **业务模块二：节能节水统计与分析** | | | | |
| 1 | 节能节水统计 | 建立能耗台账并按时上报能耗数据 | | |
| 2 | 节能节水分析 | 统计本单位的能耗情况，并完成简单的分析 | 分析本单位的能耗数据的合理性及设备运行情况 | 根据月、季度及年度输油气计划，测算下月或本年度的指标完成情况，随时掌握本单位能耗情况 |
| **业务模块三：节能节水测试及节能型企业创建** | | | | |
| 1 | 节能节水测试 | | 制订年度监测计划，开展节能节水型企业创建工作的自评工作 | 根据节能监测报告提出的问题及建议制订整改方案，并组织整改。深入开展节能节水潜力分析 |
| 2 | 节能型企业创建 | | | 筛选、审查合理化建议，参与编制节能节水技术措施改造方案，对改造后的项目运行情况进行分析 |

# 第一部分　能源专业基础知识

# 第一章　概　　论

　　1986 年 1 月，我国政府发布了《节约能源管理暂行条例》，从开发和节约并重的方针出发，规定了各个方面和环节的节能措施，自此，节能减排被列入国家层面的议事日程，并最终成为一项基本国策。至今，中国可持续发展战略从初步确立到逐步实施，已走过了近 30 年历程，在节能减排方面做出了巨大的贡献。

　　为了做好节能减排工作，我国成立了由国务院总理任组长的国家应对气候变化领导小组，出台了《中国应对气候变化的政策与行动》白皮书、《中国应对气候变化国家方案》《可再生能源发展"十二五"规划》《节能减排"十二五"规划》《节约能源法》《可再生能源法》《清洁生产促进法》《循环经济促进法》等一系列的法律、法规、规划、方案，为节能减排和应对气候变化奠定了法律基础，并投入了大量的资金。2008 年国际金融危机之际，我国用于拉动经济的 4 万亿元投资中的 1/4 用于环保投资，并把节能减排作为考核政府和企业负责人的重要内容；行业管理部门通过提高产业准入门槛，制订清洁生产评价指标体系、清洁生产标准等方式扎实深入推进企业清洁生产；各级地方政府也制订了多项措施，全面取消高耗能企业的优惠电价以淘汰高耗能落后产能；企业则是节能减排的主力军。

## 第一节　我国节能减排的困境

　　目前，我国减排的主要目标是：到 2020 年，单位 GDP 二氧化碳排放比 2005 年减少 40%~45%，使非化石能源占一次能源消费的 15% 左右，增加森林碳汇，使森林面积比 2005 年增加 4000 万公顷，森林蓄积量比 2005 年增加 $13 \times 10^8 m^3$。我国制订的节能减排目标虽然显示了一个负责任的大国风范，但是也为自身的发展带来了巨大的压力。

　　另外，我国能源利用效率仅为 33%，比发达国家低约 10 个百分点，单位产品的能源消耗比国际先进水平高出 20%~40%，我国许多方面的技术水平与国外先进技术还存在较大差距，能源利用效率较低。若我们在今后的一定时期内未能采取更加有效的应对措施，我国面临的资源环境约束将日益强化，从国内看，随着工业化、城镇化进程加快和消费结构升级，我国能源需求呈刚性增长，受国内资源保障能力和环境容量制约，我国经济社会发展面临的资源环境瓶颈约束更加突出，节能减排工作难度不断加大。从国际看，围绕能源安全和气候变化的博弈更加激烈。一方面，部分发达国家凭借技术优势开征碳税，绿色贸易壁垒日益突出；另一方面，全球范围内绿色经济、低碳技术在兴起，不少发达国家大幅增加投入，支持节能环保、新能源和低碳技术等领域创新发展，抢占未来发展制高点的竞争日趋激烈。节能减排、低碳生产将是我国经济发展需要解决的严峻问题。

## 第二节 我国节能减排的对策

（1）强化约束，推动转型。通过逐级分解目标任务，加强评价考核，加强节能减排目标的约束性作用，加快转变经济发展方式，调整优化产业结构，增强可持续发展能力。

（2）控制增量，优化存量。进一步完善和落实相关产业政策，提高产业准入门槛，严格能评、环评审查，抑制高耗能、高排放行业过快增长，合理控制能源消费总量和污染物排放增量。加快淘汰落后产能，实施节能减排重点工程，改造提升传统产业。

（3）完善机制，创新驱动。健全节能环保法律、法规和标准，完善有利于节能减排的价格、财税、金融等经济政策，充分发挥市场配置资源的基础性作用，形成有效的激励和约束机制，增强用能、排污单位和公民自觉节能减排的内生动力。

（4）加快节能减排技术创新、管理创新和制度创新，建立长效机制，实现节能减排效益最大化。

（5）分类指导，突出重点。根据各地区、各有关行业特点，实施有针对性的政策措施。突出抓好工业、建筑、交通、公共机构等重点领域和重点用能单位节能，大幅提高能源利用效率。加强环境基础设施建设，推动重点行业、重点流域、农业和机动车污染防治，有效减少主要污染物排放总量。

## 第三节 我国节能减排的保障措施

### 一、坚持绿色低碳发展

深入贯彻节约资源和保护环境基本国策，坚持绿色发展和低碳发展。坚持把节能减排作为落实科学发展观、加快转变经济发展方式的重要着力点，加快构建资源节约、环境友好的生产方式和消费模式，增强可持续发展能力。

### 二、强化目标责任评价考核

综合考虑经济发展水平、产业结构、节能潜力、环境容量及国家产业布局等因素，合理确定各地区、各行业节能减排目标。进一步完善节能减排统计、监测、考核体系，健全节能减排预警机制，建立健全行业节能减排工作评价制度。

### 三、加强用能节能管理

明确总量控制目标和分解落实机制，实行目标责任管理。建立能源消费总量预测预警机制，对能源消费总量增长过快的地区及时预警调控。在工业、建筑、交通运输、公共机构以及城乡建设和消费领域全面加强用能管理，切实改变敞开供应能源、无约束使用能源的现象。依法加强年耗能万吨标准煤以上用能单位节能管理，开展万家企业节能低碳行动，落实目标责任，实行能源审计，开展能效水平对标活动，建立能源管理师制度，提高企业能源管理水平。

## 四、健全节能环保法律、法规和标准

完善节能环保法律、法规和标准体系。推动加快制修订大气污染防治法、排污许可证管理条例、畜禽养殖污染防治条例、重点用能单位节能管理办法、节能产品认证管理办法等。加快节能环保标准体系建设，扩大标准覆盖面，提高准入门槛。

## 五、完善节能减排投入机制

加大中央预算内投资和中央节能减排专项资金对节能减排重点工程和能力建设的支持力度，继续安排国有资本经营预算支出支持企业实施节能减排项目。完善"以奖代补"、"以奖促治"以及采用财政补贴方式推广高效节能产品和合同能源管理等支持机制，强化财政资金的引导作用。

## 六、完善促进节能减排的经济政策

深化资源性产品价格改革，理顺煤、电、油、气、水、矿产等资源类产品价格关系，建立充分反映市场供求、资源稀缺程度以及环境损害成本的价格形成机制。完善差别电价、峰谷电价、惩罚性电价，尽快出台鼓励余热余压发电和煤层气发电的上网政策，全面推行居民用电阶梯价格。加快供热体制改革，全面实施热计量收费制度。完善污水处理费政策。改革垃圾处理收费方式，提高收缴率，降低征收成本。完善节能产品政府采购制度。扩大环境标志产品政府采购范围，完善促进节能环保服务的政府采购政策。落实国家支持节能减排的税收优惠政策，改革资源税，加快推进环境保护税立法工作，调整进出口税收政策，合理调整消费税范围和税率结构。

## 七、推广节能减排市场化机制

加大能效标识和节能环保产品认证实施力度，扩大能效标识和节能产品认证实施范围。建立高耗能产品（工序）和主要终端用能产品能效"领跑者"制度，明确实施时限。加强政策落实和引导，鼓励采用合同能源管理实施节能改造。开展碳排放交易试点。推进资源型经济转型改革试验。健全污染者付费制度，完善矿产资源补偿制度，加快建立生态补偿机制。

## 八、推动节能减排技术创新和推广应用

深入实施节能减排科技专项行动，通过国家科技重大专项和国家科技计划（专项）等对节能减排相关科研工作给予支持。完善节能环保技术创新体系，加强基础性、前沿性和共性技术研发，在节能环保关键技术领域取得突破。加强政府指导，推动建立以企业为主体、市场为导向、多种形式的产学研战略联盟，鼓励企业加大研发投入。重点支持成熟的节能减排关键、共性技术与装备产业化示范和应用，加快产业化基地建设。发布节能环保技术推广目录，加快推广先进、成熟的新技术、新工艺、新设备和新材料。加强节能环保领域国际交流合作，加快国外先进适用节能减排技术的引进吸收和推广应用。

## 九、强化节能减排监督检查和能力建设

加强节能减排执法监督，依法从严惩处各类违反节能减排法律法规的行为，实行执法责任制。强化重点用能单位、重点污染源和治理设施运行监管，推动污染源自动监控数据联网共享。完善工业能源消费统计，建立建筑、交通运输、公共机构能源消费统计制度及地区单位生产总值能耗指标季度统计制度，强化统计核算与监测。健全节能管理、监察、服务"三位一体"节能管理体系，形成覆盖全国的省、市、县三级节能监察体系。突出抓好重点用能单位能源利用状况报告、能源计量管理、能耗限额标准执行情况等监督检查。

## 十、开展节能减排全民行动

深入开展节能减排全民行动，把节能减排纳入社会主义核心价值观宣传教育以及基础教育、文化教育、职业教育体系，增强危机意识。加强日常宣传和舆论监督，推动节能、节水、节地、节材、节粮，倡导与我国国情相适应的文明节约、绿色、低碳生产方式和消费模式，积极营造良好的节能减排社会氛围。

# 第二章　节能节水基础知识

## 第一节　能源基础知识

### 一、能源相关术语

1. 能（能量）

能是物体或物质系统做功的能力或做功的本领，是物质运动的量度。相应于不同形式的运动，能可分为许多种。当物质运动形式发生变化时，能的形式同时发生转变。能也可以在不同形式之间发生传递，这就是做功或传递热量。能的基本特点是自然界一切过程都必须服从能量守恒与转换定律，即在一定的体系内，各种形式的能的总和是一个常数，能量不能产生，也不能消灭，只能从一种形式转化为另一种形式。

2. 能源

能源是指已开采出来可供使用的自然能量资源和经过加工或转换的能量的来源。需要注意的是，尚未开发出来的能量资源只称为资源，不列入"能源"的范畴。

3. 能量资源

能量资源是指自然界中存在的可能为人类利用来获取能量的自然资源。它的范围随着科学技术的发展而扩大。

### 二、能的分类与性质

1. 能的分类

能的形态与物质的运动形式相对应，有什么样的运动形式就有什么样的能的形态。能的形态大致可归纳为机械能、内能、电磁能、辐射能、化学能以及核能共6大类。

2. 能的性质

（1）能量转换的普遍性。在一定条件下，任何一种形态的能都可以转换为其他形态的能。

（2）能量转换在数量上的守恒性。在一个与外界没有能量交换的系统，即封闭系统内，不论发生何种变化过程，能量的总和都是恒量。能量既不能消失，也不能创造，只能从一种形式转换为另一种形式，这一结论称为能量转换和守恒定律，或简称能量守恒定律。

（3）能量转换的限制性。能量的大小是由做功能力的大小来衡量的。所有的功都能转化为能，但并非所有的能都可以转化为功。能量转换的限制性是指由于能在品质上存在差异，各种形态的能不可能无条件地相互转化。

（4）能量的传递性。能量的传递性是指在系统经历状态变化过程中，系统通过边界可以由做功或传热的方式向外界传递能量。例如，热量是由于系统和外界的温差引起的能量传递。

3. 能源的分类

能源种类繁多，性质也各不相同，因此有多种分类方法，常见的有下述4种分类方式：

（1）按形成条件可分为一次能源与二次能源。

一次能源指从自然界取得的未经任何改变或转换的能源，如原煤、原油、天然气、生物质能、水能、核燃料以及太阳能、地热能、潮汐能等。

二次能源指由一次能源经过加工转换成另一种形态的能源产品，包括煤气、焦炭、汽油、煤油、柴油、重油、火电、蒸汽等。

（2）按被利用状况可分为常规能源与新能源。

常规能源又称传统能源，是指在现有经济和技术条件下，已经大规模生产和广泛使用的能源，如煤炭、石油、天然气、水能和核裂变能。常规能源是人类目前利用的主要能源。

新能源指在新技术基础上系统地开发利用的能源，是正在开发利用但尚未普遍使用的能源。新能源大多是天然的和可再生的，包括太阳能、风能、海洋能、地热能、氢能等。

（3）按使用性能可分为燃料性能源与非燃料性能源。

燃料是指燃烧时能产生热能和光能的物质。燃料性能源则是指作为燃料使用以热能形式提供能量的能源。燃料性能源是人类目前和今后相当长时期内的基本能源，例如原煤、石油、天然气、木料及各种有机废物等。

非燃料性能源是指不作为燃料使用，直接产生能量提供给人类使用的能源，如水能、风能、热能、电能等。

（4）按资源形态可分为可再生能源与非再生能源。

可再生能源指在自然界中可以不断再生并有规律地得到补充的能源，例如水能、风能、潮汐能等。

非再生能源指经过亿万年形成的、短期内无法恢复的能源，随着大规模地开采，其储量会越来越少，最终会导致枯竭。原煤、原油和天然气等属于非再生能源。

4. 能源的计量单位

对能源实物量进行计量时，往往采用不同的计量单位：一般固体能源、液体能源用质量单位计量，如吨（t）；气体能源用体积单位计量，如标准立方米（$m^3$）；电力用千瓦时（kW·h）计量。部分国家和地区计量液体能源时也使用升（L）、桶（bbl）、加仑（gal）等体积单位。1bbl = 158.98L = 42gal。美制 1gal = 3.785L，英制 1gal = 4.546L。如果要把体积换算成质量，则和液体能源的密度有关。假设某地产的原油密度为 0.99kg/L，那么 1bbl 的原油质量就是 158.98×0.99 = 157.3902kg。

能量的计量单位主要有 3 种：焦耳（J）、千瓦时（kW·h）、卡（cal），它们之间可以相互换算。焦耳的定义为 1N 的力作用于质点，使它沿力的方向移动 1m 距离所做的功；或者用 1A 电流通过 1Ω 电阻 1s 所消耗的电能。焦耳是《中华人民共和国法定计量单位》规定的表示能、功和热量的法定基本单位。千瓦时电量的计量单位，与焦耳的换算关系为：1kW·h = $3.6×10^6$J = 3600kJ。卡是热量单位，但不是我国的法定计量单位。卡的定义为 1g 纯水在标准气压下，温度升高 1℃所需的热量。我国现行热量单位有 20℃卡、国际蒸汽表卡（$cal_{rr}$）及热化学卡（$cal_{th}$）。卡与焦耳之间的换算关系为：1cal（20℃）= 4.1816J；$1cal_{rr}$ = 4.1868J；$1cal_{th}$ = 4.1840J。

不同能源的实物量不能直接进行比较，为便于对各种能源进行计算、对比和分析，可以选定某种统一的标准燃料作为计算依据，然后用各种能源实际含热值与标准燃料热值比，得出能源折算系数，计算出各种能源折算成标准燃料的数量。国际上习惯采用的标准燃料有两种：一种是标准煤，另一种是标准油；我国最常用标准煤。GB/T 2589—2008《综合能耗计算通则》规定，低（位）发热量等于29307kJ的燃料，称为1千克标准煤（1kgce）。

## 三、节能知识

### 1. 节能概念

《中华人民共和国节约能源法》中第三条规定：节约能源是指加强用能管理，采取技术上可行、经济上合理以及环境和社会可以承受的措施，减少从能源生产到消费各个环节中的损失和浪费，更加有效、合理地利用能源。

《中华人民共和国节约能源法》第四条规定：节约资源是我国的基本国策。国家实施节约与开发并举、把节约放在首位的能源发展战略。

《中华人民共和国节约能源法》第九条规定：任何单位和个人都应当依法履行节能义务，有权检举浪费能源的行为。

节能分为广义节能和狭义节能。

狭义节能是指节约煤、油、电、气等能源。

广义节能是指除狭义节能内容之外，还包括节约原材料、运力、人力、资金、提高作业效率等各个方面。

### 2. 能耗、节能量与节能率

1）能耗

能耗可以分为实物能耗和综合能耗。

实物能耗是指用能单位在统计报告期内实际所消耗的各种能源实物量。

综合能耗是指用能单位在统计报告期内实际消耗的各种能源实物量，按规定的计算方法和单位分别折算后的总和。GB/T 2589—2008《综合能耗计算通则》要求，计算综合能耗时，各种能源分别折算为一次能源的规定的统一单位为t（标准煤）。其计算式为：

$$E = \sum_{i=1}^{n}(e_i \cdot \rho_i) \qquad (2-1-1)$$

式中　$E$——企业综合能耗，t（标准煤）；

　　　$e_i$——生产活动中消耗的第 $i$ 种能源实物量（实物单位）；

　　　$\rho_i$——第 $i$ 种能源的等价值；

　　　$n$——企业消耗的能源品种数。

2）节能量

节能量是在达到同等目的的情况下，即在生产相同的产品、完成相同处理量或工作量的前提下，少消耗的能源量，包括由于提高管理水平和技术水平而使单位产品能源消耗量下降所直接节约的能源数量，以及由于调整产业结构、产品结构等而使单位产值能源消耗量下降所间接节约的能源数量。计算节能量以报告期内的单耗与一个目标值比较，低于这个目标值的量就是单位产量、产值或工作量的节能量，再与报告期产品产量相乘，则为报告期内的节能量。为了计算方便和结果的直观表达，采取以下计算公式：

$$\Delta E = (e_m - e_b)G_b \qquad (2-1-2)$$

式中 $\Delta E$ ——节能量；

$e_{\mathrm{m}}$ ——单位产品（产值或工作量）能耗的目标值（基期值）；

$e_{\mathrm{b}}$ ——报告期单位产品（产值或工作量）能耗；

$G_{\mathrm{b}}$ ——报告期产品产量（产值或工作量）。

式（1-1-2）的计算结果正值为节约，负值为超耗。其中 $e_{\mathrm{m}}$ 可以是一个年度或者一个统计期的数据，也可以是一个能耗定额值，或者是技术改造前的数据。选择不同的 $e_{\mathrm{m}}$，也就是从不同角度描述节能成果。

3）节能率

节能率是指报告期单位产量（产值或工作量）能耗比目标值的降低率。它是反映能源节约程度的综合指标，计算公式为：

$$\varepsilon = \left(1 - \frac{e_{\mathrm{b}}}{e_{\mathrm{m}}}\right) \times 100\% \tag{2-1-3}$$

# 第二节　水资源基础知识

## 一、水资源概念与基本特征

1. 水资源概念

水资源是一种自然资源。《中华人民共和国水法》第一章第二条中规定水资源包括"地表水和地下水"。总体说来，水资源可以理解为人类长期生存、生活和生产活动中所需要的各种水，既包括数量和质量含义，又包括使用价值和经济价值。从广义上讲，凡是对人类有直接或间接使用价值，能作为生产资料或生活资料的天然水体，都可以称之为水资源。这种广义的水资源把地表水、地下水和土壤水视为一个整体，常用"大气降水"，即降水量来表示广义水资源的数量。从狭义上讲，凡是人类能够直接使用的水，具体的是指水在循环过程中，降落到地面形成径流，流入江河，存留在湖泊中的地表水和渗入地下的地下水，都称为狭义的水资源，一般用河川径流量来表示狭义水资源数量。

2. 水资源基本特征

水是自然界的重要组成物质，具有许多自然特性和独特的功能，只有充分认识水资源的特点，才能有效合理地利用它。水资源具有下述基本特征：

（1）资源的循环性；

（2）储量的有限性；

（3）分布的波动性和不均匀性；

（4）用途的广泛性和不可替代性；

（5）利、害的两重性；

（6）地表水和地下水的相互转化性。

## 二、用水指标与节约

1. 用水指标

2012 年国务院发布《关于实行最严格水资源管理制度的意见》（以下简称《意见》），《意见》进一步明确了水资源开发利用控制、用水效率控制和水功能区限制纳污"三条红线"的主要目标。

"三条红线"提出，到 2030 年全国用水总量控制在 $7000×10^8 m^3$ 以内；用水效率达到或接近世界先进水平，万元工业增加值用水量（以 2000 年不变价计）降低到 $40m^3$ 以下，农田灌溉水有效利用系数提高到 0.6 以上；主要污染物入河湖总量控制在水功能区纳污能力范围之内，水功能区水质达标率提高到 95% 以上。

2. 节约用水

节约用水（简称节水）是指通过加强用水管理，采取技术上可行、经济上合理、符合环保要求的节约和替代等多种措施，对有限的水资源进行的合理分配与优化利用，减少和避免生产及辅助生产过程中水的损失和浪费，高效、合理利用水资源。对石油石化企业来说，节约措施主要包括提高水的循环利用率、一水多用、分质用水、回收蒸汽冷凝水以及减少供水管网泄漏等；替代措施主要包括以回用的污水（废水）替代所需新鲜水、以海水或微咸水替代新鲜水以及以空冷替代水冷等。

节水量的计算方法可参照节能量计算方法进行计算。

# 第三节 节能节水统计基础知识

节能节水统计工作的任务是准确、真实、全面系统地收集和分析能源和水资源在开发、生产、贮运、转换和消费等环节的数据，反映能源与水资源的经济活动过程及规律，为加强用能用水科学管理，调整产业结构和用能用水结构，制订节能节水措施，编制节能节水规划计划，制订合理的能源消耗定额和用水定额提供依据，并在统计过程中认真执行国家和上级制订的有关政策、法规和办法规定。

## 一、节能节水统计相关术语

1. 综合能耗

用能单位在统计报告期内，实际消耗的各种能源实物量按规定的计算方法和单位分别折算后的总和，单位 t（标准煤）。

2. 输油周转量油耗

统计报告期内，管道输油生产的燃料油消耗量与输油周转量的比值，单位为 $kg/(10^4 t \cdot km)$。

3. 输油（气）周转量电耗

统计报告期内，管道输油（气）生产的电消耗量与输油（气）周转量的比值，单位为 $kW/(10^4 t \cdot km)$ 或 $kW/(10^7 m^3 \cdot km)$。

4. 输气周转量气耗

统计报告期内，管道输气生产的天然气消耗量与输气周转量的比值，单位为 $m^3/(10^7 m^3 \cdot km)$。

5. 输油（气）单位周转量能耗

统计报告期内，管道输油（气）生产的综合能耗与输油（气）周转量的比值，单位 kg（标准煤）$/(10^4 t \cdot km)$ 或 kg（标准煤）$/(10^7 m^3 \cdot km)$。

6. 万元产值（增加值）综合能耗

企业综合能耗与以万元为单位的工业总产值（增加值）的比值，单位为 kg（标准煤）/万元。

7. 平均设备(系统)效率

被测的耗能设备(系统)效率的加权平均值，用百分数表示。

8. 节能能力

通过技术进步和科学管理在一定时间内可节约的能源消耗量(可分别用能源实物量和标准能源量表示)。

9. 节能量

达到同等目的的情况下，即在生产相同的产品、完成相同处理量或工作量的前提下，少消耗的能源量。

10. 投资回收期

节能(水)项目在正常生产年份的净收益与投资总额的比值。

11. 工业取水量

企业所用取自自来水、地表水和地下水水源被第一次利用的水量。

12. 外购蒸汽量

从企业外购买的商品蒸汽量。

13. 冷凝水回收量

通过回收设备回收的蒸汽系统的冷凝水量。

14. 冷凝水回用率

在一定的时间内，冷凝水回收量与可回收冷凝水的总蒸汽量之比的百分数。

15. 企业用水综合漏失率

企业用水总漏失量与总供水量之比的百分数。

16. 节水能力

通过技术进步和科学管理在一定时间内可节约的水或水产品(化学水、蒸汽)折新水量。

## 二、节能节水统计的基本原则

节能节水统计执行"谁消费，谁统计"、"不重不漏"的原则。能源和新鲜水在哪个单位消费(耗)，就由哪个单位统计。如果有特殊情况，可以适当变通，但不能漏掉或重复进行统计。具体要求如下：

(1) 回收利用的余热、余能，蒸汽冷凝水等不作为消费(耗)量统计。

(2) 无论是自产的还是外购的耗能工质(如水、氧气、压缩空气等)的消费(耗)，均不作能源消费(耗)量统计。计算单位产品产量能耗量时除外。

(3) 凡是能源进入第一道生产工序，改变了原来的形状或性能，或者已经实际投入使用的就算消费(耗)；新鲜水进入第一道生产工序，作为新鲜水已经消耗掉了，多次利用时计入重复用水。

(4) 能源和新鲜水消费(耗)量中不包括转供给外单位的数量，但包括在本企业施工的外施工单位的使用量中。

(5) 能源消费(耗)量一般以标准煤作为综合折算的标准量单位，少数炼化生产经营业务的单位能耗指标以标准油作为综合折算的标准量单位，对替代能源，在作运行分析对比时可折算为当量油进行对比分析。

能源消费是能源被投入使用的过程。如果这种能源被消费后，不再以能源的形式存在，其消费的过程就是消耗的过程，消费量就等于消耗量。能源消费与消耗的不同在于：一种能源被消费，可能会变成其他的能源，仍以能源的形式存在；而能源被消耗以后，能被"耗"掉，就不再是能源。如原油加工转换成汽油、柴油等产品，原油中含的能并没有被"耗"掉，又以汽油、柴油等能源形式出现，所以原油加工转换的过程不能叫消耗了原油，只能称消费了原油。石油石化企业的能源统计是消耗量统计，而不是消费量统计。

在水量统计方面，通常说用水量，如新鲜水用量、重复水用量、总用水量等。而广义上的耗水量对于一个水系统来说，是真正耗掉的量，如进入产品、各种蒸发漏失、人们生活饮用等。通常口语话的耗水实际上指的是新鲜水消耗，即新鲜水除了进入产品、各种蒸发漏失、人们生活消耗掉以外，进入重复用水系统的新鲜水从新鲜水的原本概念上讲，也是消耗掉了，亦即新鲜水用量和新鲜水消耗量可以认为是等同的，而广义上泛指的耗水量是有其内在含义的，要注意区分和区别。

### 三、节能节水统计要求

（1）对各类能源的消耗实行分类统计。

（2）应当设置原始记录、统计台账，建立健全统计资料的管理制度。

（3）如实提供统计资料，不得虚报、瞒报、拒报、迟报，不得伪造、篡改，确保能源消费统计数据真实、完整。

（4）依照统计法和统计制度的规定，认真做好定期报表填报，准确及时完成统计任务，遵守保密规定。

### 四、节能统计内容

#### 1. 能源消耗统计

能源消耗统计，是对报告期内企业实际消耗的各种能源（包括一次能源和二次能源）实物的数量进行统计和折算合计的过程。

能源实物主要包含的种类有原煤、洗煤、焦炭、原油、汽油、柴油、煤油、液化石油气、天然气、炼厂干气、煤气、电力；除以上能源实物品种外，还有一些其他石油制品、其他焦化产品、生物质能等也纳入统计。

目前，中国石油管道公司（以下简称管道公司）统计范围内的实物能源主要有原煤、原油、天然气、电力、汽油、柴油、液化气、热力（蒸汽）。

#### 2. 主要耗能设备统计

企业的各种能源最终是通过各种用能设备消耗掉的，各种节能措施最终也要落脚在提高耗能设备和系统的效率上，从而提高能源的利用效率。因此，掌握耗能设备与系统的基本情况，对加强用能管理和采取节能措施具有重要的指导意义。管道企业的主要耗能设备有输油泵、加热炉（分直接和间接）、锅炉、天然气压缩机等。主要统计以下内容：

（1）设备在用数量。设备在用数量是指报告期内正在运行和备用的主要耗能设备数量，不包括封存和停用的设备。

（2）装机容量或负荷。装机容量或负荷是指在用主要耗能设备的额定功率或额定热负荷，用 kW 表示。传统上蒸汽锅炉的容量用 t/h 表示，加热炉的容量单位用 kW 表示，其换算关系约为：$1t/h \approx 698kW$，换算时也可以按 $1t/h = 700kW$ 计算。

（3）更新、改造及测试数量。主要耗能设备的更新、改造及测试数量是指企业在报告期内对在用的主要耗能设备实施更新、改造和测试的数量，从而了解设备新度情况和节能改造效果。

（4）设备效率及平均设备效率。设备效率是设备转换或利用能量的有效程度，通常是通过对耗能进行测试计算得到的。效率的一般表达式为：

$$\eta_{sb} = \frac{Q_{yx}}{Q_{gj}} \times 100\% \qquad (2-3-1)$$

$$\eta_{sb} = \left(1 - \frac{Q_{ss}}{Q_{gj}}\right) \times 100\% \qquad (2-3-2)$$

式中　$\eta_{sb}$——设备效率；

　　　$Q_{yx}$——有效能量；

　　　$Q_{gj}$——供给能量；

　　　$Q_{ss}$——损失能量。

平均设备效率是报告期内同种耗能设备的效率按耗能量的加权平均值。其计算公式为：

$$\eta_{pj} = \frac{\sum (Q_{gji} \cdot \eta_{sbi})}{\sum Q_{gji}} \qquad (2-3-3)$$

式中　$\eta_{pj}$——平均设备效率；

　　　$\eta_{sbi}$——第 $i$ 台设备效率；

　　　$Q_{gji}$——第 $i$ 台设备在报告期的耗能量，当耗能种类不同时要折算为标准煤。

（5）系统效率及平均系统效率。一个能源利用工艺系统中，包括能量的产生、传递和利用等设备，如果把它们看作是一个整体（系统），则系统有效利用的能量与供给系统的全部能量之比就是系统效率，它也等于各个分设备效率的乘积，即：

$$\eta_{xt} = \frac{Q_{xtyx}}{Q_{gjxt}} \times 100\% \qquad (2-3-4)$$

$$\eta_{xt} = \eta_1 \eta_2 \cdots \eta_n \qquad (2-3-5)$$

式中　$\eta_{xt}$——系统效率；

　　　$Q_{xtyx}$——系统有效利用的能量；

　　　$Q_{gjxt}$——供给系统的全部能量；

　　　$\eta_n$——系统中第 $n$ 中设备的效率。

平均系统效率是报告期内同种耗能系统的效率按耗能量的加权平均值计算。

（6）主要耗能设备（系统）的耗能量。主要耗能设备（系统）的耗能量是指报告期内该耗能设备（系统）实际消耗的各种能源量。

3. 节能技术措施实施情况统计

推广应用节能"四新"，进行节能技术改造，是企业获取节能经济效益、挖掘节能潜力的重要途径。因此，需要了解和掌握节能技术措施实施的情况，包括节能技术措施的基本情况、节能方式和节能成果等内容。

（1）基本情况包含：项目名称、项目内容介绍、投产日期、投资。

（2）节能成果包含：节能能力、本年实现节能量。节能能力是指节能技术措施项目建成投用后，以额定的工作负荷在应当运转的一个周期内（通常为一个自然年）所能节约的能源量。

（3）经济指标包含：投资回收期。

# 第三章　能源管理基础知识

## 第一节　热工基础及燃烧基本知识

### 一、工程热力学基础

工程热力学的研究对象是：一切用热装置及设备中的能量转换过程。研究核心是：通过对工质热物性及热能与其他形式能量转换规律的研究，解决工程上如何有效地、合理地利用能量，以达到科学利用热能的目的。

1. 基本概念

1）热设备

凡是和热现象及热过程有关的设备统称热设备。

2）工质

用来传递能量的工作物质简称工质。它是一种载能体和媒介物质。

3）热力系（热力系统）

在分析热力学现象时，根据研究问题的需要，在相互作用的各部分物体中，选取某一范围内的物质，作为研究对象。我们就把作为研究对象而选取一定范围内的物体的集合称为热力系统或热力系（也称为系统）。与热力系有关的外部物质称为外界（或环境）。为了避免把热力系和外界混淆起来，设想由界面将它们分开，这个分隔热力系与外界的分界面称为边界。

热力系和外界可以以功和热的形式进行能量交换，也可以进行物质交换。在进行热力学分析时，既要考虑热力系内部的变化，也要考虑热力系通过界面和外界发生的能量和物质交换，但对外界的变化则不去追究。根据热力系与外界相互作用的情况不同，热力系又可以分为：闭口系统、开口系统、绝热系统和孤立系统。

4）热量

热量是系统在热力过程中与外界由于温度的不同，通过边界与外界传递的能量。通常用 $Q$ 表示热量，单位为 J 或 kJ。1kg 工质所吸收或放出的热量用 $q$ 表示，单位为 J/kg 或 kJ/kg。规定：系统吸热为正，放热为负。

5）功

工程上经常遇到的是机械功，其表现形式很多，主要有：

（1）容积功。由容积变化而实现的过程功称为容积功，如膨胀功和压缩功都是容积功。通常它是实现热能与机械能转换的唯一途径。

（2）技术功。技术功是指在技术上能够获得的连续功。它多与流动工质相联系，如轴功、轮机功等都是技术功。

（3）流动功。流动功是推动流体前进所必须消耗的功，又称为推动功。

（4）轴功。系统通过机械设备向外界传出（或由外界传入）的机械能称为轴功。如系统在汽轮机、燃气轮机内向外界（机轴）输出的是轴功，泵和风机由外界（机轴）输入的也是轴功。

## 2. 热力学第一定律

热力学第一定律的基础是众所周知的能量守恒与转换定律：各种形式的能量既不能产生，也不能消灭；能量可由一种形式转换到另一种形式，在转换过程中它们的总量保持不变。这一规律称为能量守恒与转换定律。能量守恒与转换定律用在热现象或热工转换中，即为热力学第一定律。

能量的守恒性使进、出系统的能量保持平衡，所以能量方程可表示为：

进入系统的总能量−离开系统的总能量＝系统内能量的变化量

## 3. 热力学第二定律和能质

无数事实证明：自然界的所有过程都是不可逆的，包括热现象在内的一切自然过程都只能是自发地向一个方向进行，例如，热量自发地从高温物体传向低温物体，摩擦使机械功连续地变成热量；而相反的过程则不能自发进行，必须有一定的条件，例如，制冷机把热量从低温物体传向高温物体必须要消耗能量，在热能转换成机械能的同时，必须要有一部分热量从热源传向冷源。科学家抓住这些生产实践中的基本特征，总结出热功转换过程中的另一条基本规律，即热力学第二定律。

热力学第二定律通常可以表述成：（1）单热源的热机是不可能实现的；（2）热机不能自发地、不付代价地把热量从低温物体传向高温物体。这两种说法侧重点不同，本质上都是一样的，即自然界的一切变化过程都是不可逆的。

### 1）热效率

热力学第二定律指明了要想连续地把热能转换成机械能，必须让在热机内工作的工质定期地返回到它的初始状态，周而复始，循环不息。但是热力学第二定律没有说明在这种循环中能否把传给工质的热量全部转换成功。为了衡量热机把热转换为功的能力，引入一个评价准则，称为热机的热效率。

热机的热效率定义为在热力循环中工质对外界输出净功 $W_0$ 与热源传给工质的热量 $Q_1$ 之比，用符号 $\eta_t$ 表示。由于在热力循环中，工质除了从热源那里吸取热量之外，还得向冷源排放热量 $Q_2$。因此，每完成一次循环，工质对外界做净功 $W_0 = Q_1 - Q_2$。于是，热机效率的一般表达式为：

$$\eta_t = \frac{W_0}{Q_1} = \frac{Q_1 - Q_2}{Q_1} = 1 - \frac{Q_2}{Q_1} \qquad (3-1-1)$$

显然，根据热力学第二定律可知，一切热机必须拥有冷源，热损失 $Q_2$ 不等于零，所以热效率总是小于1。

### 2）卡诺循环

热机的效率既然达不到100%，那它能达到多高的界限呢？卡诺在仔细地考虑蒸汽机工作的基础上，从理论上做了深刻研究，提出了最理想的热机工作方案，即所谓的"卡诺循环"，并且证明了工作于两个相同热源之间的热机，按卡诺循环工作的热机的效率最高。

卡诺循环由两个等温过程和两个绝热过程组成，如图 3-1-1 所示。根据卡诺的证明，卡诺循环的理想热机效率为：

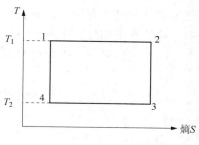

图 3-1-1 卡诺循环

$$\eta_{tc} = 1 - \frac{T_2}{T_1} \qquad (3-1-2)$$

式中 $T_1$——工质从热源吸热时的温度（此时工质的温度等于热源的温度），K；

$T_2$——工质放热时的温度（此时工质的温度等于冷源的温度），K。

由式（3-1-2）可以清楚地看出，任何热源只要它和周围环境之间存在温差，就有可能用它来获取功，在对现代化工业联合企业进行综合利用时，必须考虑到这一因素。此外，为了提高现代热机的热效率，除了尽可能地使其热力循环接近卡诺循环外，另一条技术途径就是设法提高热源温度和降低冷源温度，让热机朝着高温方向发展。

3）能的品质与能的贬值

能不但有数量多少之分，而且有质量高低之别。能的品质高低用它的做功能力来度量。因此，不同形式和不同品位的能，其质量（品质）均不同。电能和机械能的品质高于热能，这是由于前者很容易做出功来，并且从理论上说可全部变成功。而热能变成功，则十分困难，且不可能全部变成功。由卡诺循环可知，热能转变为功的最大限度是：

$$W_{max} = \eta_{tc} Q_1 = \left(1 - \frac{T_2}{T_1}\right) Q_1 \qquad (3-1-3)$$

即在所传递的热量 $Q_1$ 中，最多可转变为功的部分为 $\left(1 - \frac{T_2}{T_1}\right) Q_1$，剩余的部分 $\frac{T_2}{T_1} Q_1$ 不能转变为功。工质温度越高，$\frac{T_2}{T_1} Q_1$ 越少，做功能力越大，也就是它的品质越高。例如，同是 1000kJ 的热量，温度不同，其热能品质就不一样。1000kJ 的燃气，温度高达上千摄氏度，可以直接推动效率较高的燃气轮机做功。而温度为数百摄氏度的 1000kJ 蒸汽，只能带动效率较低的汽轮机或更低的蒸汽机做功。温度几十摄氏度的乏汽或回水，即使也有 1000kJ 热量，但只能用于加热或取暖。为此，我们在进行能量利用时需考虑梯级利用。

实际过程都是不可逆过程，按着热力学第二定律，必然有熵产，向孤立系熵增加的方向进行。因此，必然造成能量的质量降低，称为能量贬值。其值为：

$$W_1 = T_0 \Delta S_{sy} \qquad (3-1-4)$$

式中 $W_1$——能耗散功，即热力学损失；

$\Delta S_{sy}$——孤立系统内由不可逆性引起的熵产。

热力学第一定律建立了能的数量关系，即量的守恒性；热力学第二定律指出了能的质量因素，即质的贬值性。因此，用这两个定律来指导用能和节能，具有十分重要的意义。

4. 气体的热力过程

实际过程是相当复杂的，但抓住主要特征往往可以简化为一些基本热力过程，如定容过程、定压过程、定温过程、定熵过程，此外还有多变过程。研究热力过程的目的，在于通过已知状态和过程方程，计算过程中的状态变化和能量交换（做功和传热）。

除特殊申明外，本节所述过程均为可逆过程，为简单起见均分析理想气体的热力过程。

（1）定容过程。工质比容保持不变的热力过程，称为定容过程。其过程方程式为：

$$V = 常数$$

（2）定压过程。工质压力保持不变的热力过程，称为定压过程。其过程方程式为：

$$p = 常数 \quad 或 \quad \frac{p}{T} = 常数$$

（3）定温过程。工质温度保持不变的热力过程，称为定温过程。其过程方程式为：

$$\frac{V}{T} = 常数 \qquad T = 常数 \qquad pV = 常数$$

（4）定熵过程。工质与外界无热交换的热力过程，称为定熵过程。其过程方程式为：

$$S = 常数 \quad 或 \quad pV^k = 常数$$

（5）多变过程。工程上实际所进行的热力过程，往往不同于上述 4 种基本热力过程，如果状态变化规律遵循其过程方程式：

$$pV^n = 常数$$

这类热力过程统称为多变过程。式中 $n$ 称为多变指数，其值可为任意指数（由 $-\infty$ 到 $+\infty$ 的任何一个数值）。通过分析可以发现，上述 4 种基本热力过程，仅仅是多变过程的一个特例。例如，当 $n = \pm\infty$ 时，$V = $ 常数，为定容过程；当 $n = 0$ 时，$p = $ 常数，为定压过程；当 $n = 1$ 时，$pV = $ 常数，为定温过程；当 $n = k$ 时，为绝热过程；当 $n$ 等于 0，1k 或 $\pm\infty$ 以外的其他数值时，为一般的热力过程，而且不同的 $n$ 值描述不同的热力过程。

## 二、传热学基本原理

### 1. 传热基本方式

#### 1）热传导

热传导（又称导热）是指物体各部分无相对位移或不同物体直接接触时，依靠分子、原子及自由电子等微观粒子的热运动而进行的热量传递现象。

#### 2）热对流

流体各部分之间发生相对运动时，使热量由高温流体转移到低温流体的现象称为热对流，简称对流。

#### 3）热辐射

由热而引起物体发出辐射能的过程称为热辐射，简称辐射。任何物体只要温度高于绝对零度，就能不断地以电磁波的形式，向半球空间发射辐射能，这就是热辐射的实质。与此同时，物体又能不断地吸收其他物体发出的部分热辐射能，从而实现了能量的转移，这种物体间靠热辐射进行的热量传递称为辐射换热。热辐射的基本特点是：它的传递不需要任何媒介物，而且可在真空中进行；它不但有热量的传递，而且伴随着能量形式的变化，即在传递过程中有热能—辐射能—热能的转换。

### 2. 热传导基本定律

#### 1）温度场

温度场是指某一瞬间空间所有个点的温度分布。其分布与空间位置和时间有关，是空间和时间的函数，与时间无关的温度场被称为稳定温度场；而与时间有关的温度场被称为非稳定温度场。

2）温度梯度

温度梯度表征了温度沿空间某一方向变化的"快慢"。如果在 $x$ 坐标方向上某一长度 $\Delta x$ 上的温度变化为 $\Delta t$，则在 $\Delta x$ 段的平均温度梯度为 $\dfrac{\Delta t}{\Delta x}$。若 $\Delta x$ 取得非常小，线段 $\Delta x$ 趋向某一点，$\dfrac{\Delta t}{\Delta x}$ 便成为该点的温度梯度。

3）傅里叶热传导定律

法国物理学家和数学家傅里叶在实验研究导热过程的基础上提出，单位时间内传递的热量与温度梯度的负值及垂直于导热方向的表面面积成正比，其数学表达式为：

$$Q = \lambda F \frac{\Delta t}{\Delta x} = -\frac{\Delta t}{R_{\mathrm{t}}} \qquad (3-1-5)$$

或

$$q = \lambda \frac{\Delta t}{\Delta x} \qquad (3-1-6)$$

其中

$$R_{\mathrm{t}} = \frac{\Delta x}{F\lambda}$$

式中　$Q$——热流量，指单位时间的传热量，W；

$q$——热流密度，单位时间内通过单位面积的热量，$\mathrm{W/m^2}$；

$\lambda$——导热系数，表征物体导热能力大小的物性参数，$\mathrm{W/(m \cdot ℃)}$；

$F$——热流量通过的面积，$\mathrm{m^2}$；

$R_{\mathrm{t}}$——热阻。

负号表示热流方向与温度梯度方向相反。

4）导热系数

导热系数是物质固有的热物理性质，它表征物质传导热量的本领。在各种固体材料中，金属材料的导热系数最大，约为几十至几百 $\mathrm{W/(m \cdot ℃)}$；建筑材料（砖、石料、混凝土等）的导热系数在 $0.5 \sim 3\mathrm{W/(m \cdot ℃)}$ 范围内；导热系数低于 $0.2\mathrm{W/(m \cdot ℃)}$ 的材料称为绝热材料，工业设备和建筑设备的保温或保冷都离不开绝热材料。

液体的导热系数比固体小得多，一般在 $0.02 \sim 0.7\mathrm{W/(m \cdot ℃)}$ 范围内。水的导热系数比较高，在 20℃时，$\lambda = 0.6\mathrm{W/(m \cdot ℃)}$，水又具有较大的热容，是良好的载热体。气体导热系数比液体更低，氢气是导热性最好的气体，在常温下约为 $0.18\mathrm{W/(m \cdot ℃)}$，其他气体的导热系数大都要比氢气低一个数量级。

通常把温度变化范围不大的物体导热系数视为常量，但在精确分析传热过程时，必须考虑导热系数随温度、湿度和压力的变化。

对于多孔材料，导热系数包含了孔隙中气体对流和孔壁辐射的作用，因此这里的导热系数实际上是表观导热系数，或称当量导热系数及有效导热系数。

3. 影响对流换热的因素

影响对流换热的因素就是影响流动的因素及影响流体中热量传递的因素。这些因素归纳起来可以分为 5 个方面：

（1）流体流动的起因。由于流体流动的起因不同，对流传热可以区分为强制对流传热与自然对流传热两大类。前者是由于泵、风机或其他外部动力源所造成的，而后者通常是由于流体内部的密度差所引起的。两种流动的成因不同，流体中的速度场也有差别，所以传热规律也不一样。

（2）流体有无相变。在流体没有相变时，对流传热中的热量交换是由于流体显著的变化而实现的，而在有相变的换热过程中（如沸腾或凝结），流体相变热（潜热）的释放或吸收常常起主要作用，因而传热规律与无相变时不同。

（3）流体的流动状态。流体力学的研究已经查明，黏性流体存在着两种不同的流态——层流及湍流。层流时流体微团沿着主流方向做有规则的分层流动，而湍流时流体各部分之间发生剧烈的混合，因而在其他条件相同时，湍流传热的强度自然要较层流剧烈。

（4）换热表面的几何因素。这里的几何因素指的是换热表面的形状、大小、换热表面与流体流动方向的相对位置以及换热表面的状态（光滑与粗糙）。例如，管内流体强制对流流动属于所谓内部流动，与外掠物体强制对流流动属于外部流动，这两种条件下的换热规律必然不同。在自然对流领域里，不仅几何形状，几何布置对流动亦有决定性影响，例如水平避热面朝上散热流动和热面朝下的散热流动换热规律截然不同。

（5）流体的物理性质。流体的热物理性质对于流体传热有很大的影响。以无相变的强制对流传热为例，流体的密度、动力黏度、导热系数以及比定压热容等都会影响流体中速度的分布及热量的传递，因而影响对流传热。内冷发电机的冷却从空气改成水可以提高发电机的出力，就是利用了水的热物理性质有利于强化对流传热这一事实。

由以上讨论可见，影响对流传热的因素很多，由于流动动力的不同、流动状态的区别、流体是否有相变及换热表面几何形状的差别构成了多种类型的对流传热现象，因而表征对流传热强弱的表面传热系数是取决于多种复杂函数。

假设流体流动是二维的，流体为不可压缩的牛顿型流体，流体物性为常数、无内热源且黏性耗散产生的耗散热可以忽略不计。那么，对流传热完整的微分方程数学描述为：

质量守恒方程

$$\frac{\partial u}{\partial x} + \frac{\partial v}{\partial y} = 0 \qquad (3-1-7)$$

动量守恒方程

$$\left.\begin{array}{l} \rho\,\frac{\partial u}{\partial \tau} + u\,\frac{\partial u}{\partial x} + v\,\frac{\partial u}{\partial y} = F_x - \frac{\partial p}{\partial x} + \eta\left(\frac{\partial^2 u}{\partial x^2} + \frac{\partial^2 u}{\partial y^2}\right) \\[2mm] \rho\,\frac{\partial v}{\partial \tau} + u\,\frac{\partial v}{\partial x} + v\,\frac{\partial v}{\partial y} = F_y - \frac{\partial p}{\partial y} + \eta\left(\frac{\partial^2 v}{\partial x^2} + \frac{\partial^2 v}{\partial y^2}\right) \end{array}\right\} \qquad (3-1-8)$$

能量守恒方程

$$\frac{\partial t}{\partial \tau} + u\,\frac{\partial t}{\partial x} + v\,\frac{\partial t}{\partial y} = \frac{\lambda}{\rho c_p}\left(\frac{\partial^2 t}{\partial x^2} + \frac{\partial^2 t}{\partial y^2}\right) \qquad (3-1-9)$$

式中　$\rho$——流体密度；

　　　$\eta$——动力黏度；

　　　$\lambda$——导热系数；

$c_p$——比定压热容；

$F_x$，$F_y$——体积力在 $x$ 方向和 $y$ 方向的分量。

动量守恒方程式(2-1-8)就是 Navier-Stokes 方程，质量守恒方程式(2-1-9)又称连续性返程。它们是描述黏性流体流动过程的控制方程，对于不可以压缩流体的层流及湍流流动都适用。

4. 热辐射的基本定律

当热辐射的能量投射到物体表面上时，与可见光一样，也发生吸收、反射和穿透现象。外界投射到物体表面的总能量 $Q$ 中，一部分 $Q_\alpha$ 被物体吸收，另一部分 $Q_\rho$ 被物体反射，其余部分 $Q_\tau$ 穿透物体。按照能量守恒定律有：

$$Q = Q_\alpha + Q_\rho + Q_\tau \qquad (3-1-10)$$

或

$$\frac{Q_\alpha}{Q} + \frac{Q_\rho}{Q} + \frac{Q_\tau}{Q} = 1 \qquad (3-1-11)$$

其中 3 部分的份额 $Q_\alpha/Q$，$Q_\rho/Q$ 和 $Q_\tau/Q$ 分别称为该物体对投入辐射的吸收比、反射比和穿透比(习惯上称为吸收率、反射率、穿透率)。于是有：

$$\alpha + \rho + \tau = 1 \qquad (3-1-12)$$

我们把吸收比 $\alpha = 1$ 的物体称为绝对黑体；把反射比 $\rho = 1$ 的物体称为镜体；把穿透比 $\tau = 1$ 的物体称为绝对透明体，显然黑体、镜体和透明体都是假定的理想物体。

由于黑体辐射在热辐射分析中有极其特殊的重要性，在相同温度的物体中，黑体辐射能力最大，在研究黑体辐射的基础上，把其他物体的辐射和黑体辐射相对比，从中找出与黑体辐射的偏离，然后确定必要的修正系数，就能确定其他物体辐射的规律。

黑体辐射有 3 个基本定律，它们分别从不同的角度揭示了在一定的温度下，单位表面黑体辐射能力的多少及其随空间方向与随波长分布的规律。

1) 斯忒藩—波耳兹曼定律

$$E_b = \delta T^4 = C_0 \left( \frac{T}{100} \right)^4 \qquad (3-1-13)$$

式中，$\delta = 5.67 \times 10^{-8} \text{W}/(\text{m}^2 \cdot \text{K}^4)$ 称为黑体辐射常数；$C_0 = 5.67 \text{W}/(\text{m}^2 \cdot \text{K}^4)$ 称为黑体辐射系数，$E$ 为辐射力，下角码 b 表示黑体。这一定律又称为辐射四次方定律。

2) 普朗克定律

$$E_{b\lambda} = \frac{c_1 \lambda^{-5}}{e^{c_2/(\lambda T)} - 1} \qquad (3-1-14)$$

式中 $E_{b\lambda}$ —— 黑体光谱辐射力，$\text{W}/\text{m}^3$；

　　　　$\lambda$——波长，m；

　　　　$T$——黑体热力学温度，K；

　　　　e——自然对数的底；

　　　　$c_1$——第一辐射常量，取 $3.7419 \times 10^{-16} \text{W} \cdot \text{m}^2$；

　　　　$c_2$——第二辐射常量，取 $1.4388 \times 10^{-2} \text{m} \cdot \text{K}$。

3) 兰贝特定律(余弦定律)

$$\frac{\mathrm{d}\Phi(\theta)}{\mathrm{d}A\mathrm{d}\Omega\cos\theta} = 1 \qquad\qquad (3-1-15)$$

黑体辐射兰贝特定律表明黑体的定向辐射强度是个常量，与空间方向无关。该式表明，黑体单位面积辐射出去的能量在空间的不同方向分布是不均匀的，按空间维度角 $\theta$ 的余弦规律变化：在垂直于该表面的方向最大，而与表面平行的方向为零。

### 三、燃料、燃烧与节能

1. 燃料

1）燃料分类

燃料可分为矿物质燃料（煤炭、石油、天然气），生物质燃料（薪柴、沼气、有机废物等），化工燃料（甲醇、酒精、丙烷以及可燃原料铝、镁等），核燃料（铀、钍、氪等）4 类。在中国石油管道公司普遍使用的是矿物质燃料（煤炭、石油和天然气），又可将其分为固体、液体和气体 3 种燃料：

（1）固体燃料。固体燃料包括煤、油页岩和其他如稻壳、甘蔗渣等。

（2）液体燃料。液体燃料包括重油、渣油、原油等，通常称为燃油。原油一般不应作为工业炉窑及锅炉的燃料。

燃油的使用特性主要有：

① 黏度。液体对于其自身流动时所产生的阻力的大小，叫做黏度。燃油的黏度大小反映燃油流动性的高低，影响燃油的运输和雾化质量。

② 密度。某种物质的质量和其体积的比值即单位体积的某种物质的质量，称为这种物质密度。油的密度与其温度有关，以 20℃时的密度作为标准密度，燃油的密度一般为 $0.8\times10^3 \sim 0.98\times10^3 \mathrm{kg/m^3}$。

③ 凝点。凝点是指燃油丧失流动性开始凝固时的温度。

④ 闪点和燃点。将燃油加热，油面上油蒸气与空气的混合物与明火接触时发生短暂的闪光，一闪即灭，这时燃油的温度称为闪点。当油面上的油气与空气的混合物遇明火能连续燃烧时，此时油的最低温度称为燃点。油的燃点要比油的闪点高出 20~30℃。

（3）气体燃料。工业炉窑及锅炉用气体燃料主要有天然气、高炉煤气和焦炉煤气（中国石油管道公司目前主要使用天然气）。

天然气的主要成分是甲烷，还有少量的烷属重碳氢化合物和硫化氢，以及少量的惰性气体等，发热量为 33500~39000kJ/m³。

2）燃料的元素成分

固体燃料和液体燃料均由极其复杂的有机化合物所组成，通常包含以下元素：碳（C）、氢（H）、硫（S）、氧（O）、氮（N）及部分矿物质——水分（W）和灰分（A）。

（1）碳（C）：是燃料中的主要可燃成分。1kg 碳完全燃烧时能放出 33.913MJ（8100kcal）的热量，与其他可燃成分相比，它的着火温度较高，为此燃料中含碳量越多越不容易着火燃烧。燃料中的碳不是以单质形态存在，而是与氧、氮、硫等组成复杂的高分子有机化合物。

（2）氢（H）：是燃料中另一重要的可燃成分。1kg 氢完全燃烧时能放出 25.6MJ（6115kcal）的热量，而且氢易于着火燃烧。故含氢量多的燃料（如石油、重油和天然气）不仅发热量高，而且容易着火燃烧，但是含氢量多的（特别是重碳氢化合物多的）燃料，在燃烧过程中容易析出炭黑而冒黑烟，污染大气。

（3）硫（S）：它也是燃料中的可燃成分，但发热量不高。1kg 硫完全燃烧时能放出 10.886MJ（2600kcal）的热量。硫是一种有害成分，其燃烧产物二氧化硫（$SO_2$）和三氧化硫（$SO_3$）气体，与烟气中的水蒸气相遇能化合成亚硫酸（$H_2SO_3$）和硫酸（$H_2SO_4$）气体，凝结于设备的受热面上会产生腐蚀。

（4）氧（O）和氮（N）：它们属燃料中的内部杂质，不能燃烧，它们的存在会使燃料中可燃成分相对减少，因而降低了燃烧时所放出的热量。氮是一种有害元素，煤燃烧时，有部分氮与氧化合生成有害气体 $NO_x$，污染大气。

（5）水分（W）：它是燃料中的主要杂质之一。由于它的存在，不仅降低了可燃成分的含量，而且在燃烧过程中由于水分汽化需吸收部分热量，从而降低炉膛温度，使燃料着火困难。

（6）灰分（A）：它是夹杂在燃料中的不可燃烧的矿物质，也是燃料的主要杂质。燃料中灰分增多，可燃成分相对减少，燃烧困难；同时增大灰渣量，并污染环境。

3）燃料成分分析基准

为了更准确地评价燃料的种类和特性，表示燃料在不同状态下各种成分的含量，通常采用 4 种分析基准对燃料进行分析。

（1）应用基。指实际使用的燃料的组分（用炉前准备燃烧的燃料成分总量为基准进行分析得出的各种成分称为应用基成分），用上角标"$y$"表示，其组成为：

$$m_{Cy} + m_{Hy} + m_{Sy} + m_{Oy} + m_{Ny} + m_{Ay} + m_{Wy} = 100\%$$

（2）分析基。用经过自然风干除去外水分的燃料成分总量为基准进行分析得出的成分，称为分析基成分，用上角标"$f$"表示，其组成为：

$$m_{Cf} + m_{Hf} + m_{Sf} + m_{Of} + m_{Nf} + m_{Af} + m_{Wf} = 100\%$$

（3）干燥基。以烘干除去全部水分的燃料成分总量为基准，分析得出的各种成分称为干燥基成分。用上角标"$g$"表示，其组成为：

$$m_{Cg} + m_{Hg} + m_{Sg} + m_{Og} + m_{Ng} + m_{Ag} = 100\%$$

（4）可燃基。以除去水分和灰分的燃料成分总量为基准，分析得出的各种成分称为可燃基成分。用上角标"$r$"表示，其组成为：

$$m_{Cr} + m_{Hr} + m_{Sr} + m_{Or} + m_{Nr} = 100\%$$

以上 4 种分析基准各有用途，应根据不同情况加以选用。当进行锅炉热力计算和热工实验时，采用应用基成分；为了避免燃料中的水分在分析过程中变化，实验室中进行燃料分析时采用分析基成分；为了表示燃料中的灰分含量，需要用干燥基成分，因为只有在不受水分变化影响的情况下，才能真实地反映灰分的含量；为了表明燃料的特性和对煤进行分类，常采用比较稳定的可燃基成分。

4）燃料的发热量（热值）

发热量（热值）是指单位质量（固体和液体）或单位体积（气体）的燃料完全燃烧，而燃烧产物冷却到燃烧前的温度时（室温）所放出的热量。发热量（热值）又分为高位发热量（$Q_{gw}$）和低位发热量（$Q_{dw}$）两种。

（1）高位发热量：是指单位质量（固体和液体）或单位体积（气体）的燃料完全燃烧，而燃烧产物中水蒸气全部凝结成水时的发热量（包含了水蒸气凝结时放出的潜热）。

（2）低位发热量（热值）：是指单位质量（固体和液体）或单位体积（气体）的燃料完全燃烧，而燃烧产物中水蒸气呈蒸汽状态而不凝结时的发热量。

实际上，燃料在燃烧设备中燃烧时温度很高，排烟温度也较高（一般控制在125℃以上，这样才不会产生露点腐蚀），燃烧物中的水为水蒸气状态，不可能凝结成水放出汽化潜热，为此在燃烧计算中均采用低位发热量。

（3）低位发热值与高位发热值之间的相互关系。

1kg 固体或液体燃料中含氢 $\frac{m_{Hy}}{100}$ kg，燃烧后生成水蒸气量为 $9\frac{m_{Hy}}{100}$ kg；燃料本身含水 $\frac{m_{Wy}}{100}$ kg，燃烧后转换为水蒸气，则每千克应用基燃料燃烧生成水蒸气量为 $9\frac{m_{Hy}}{100}+\frac{m_{Wy}}{100}$ kg。水的汽化潜热近似的取 2512kJ/kg（600kcal/kg），则应用基燃料高位发热量 $Q_{gw}^y$ 和低位发热量 $Q_{dw}^y$ 之间有如下关系：

$$Q_{dw}^y = Q_{gw}^y - 2512\left(9\frac{m_{Hy}}{100}+\frac{m_{Wy}}{100}\right) = Q_{gw}^y - 226m_{Hy} - 25m_{Wy} \qquad (3-1-15)$$

式中　$Q_{dw}^y$——应用基低位发热量，kJ/kg。

2. 燃烧与节能

燃烧是指燃料中的可燃成分与空气中的氧发生剧烈的化学反应，产生大量的热量并伴有强烈的发光现象。

1）燃烧条件（保证燃料完全燃烧的条件）

（1）具备一个高温环境：温度是燃烧的首要条件，因为燃烧要从着火开始，在着火前的准备阶段中，干燥与干馏过程都需要热量。因此，要求炉膛要具有较高的温度，才能保证燃料的燃烧。

（2）提供适当的空气：只有燃料和空气（其中的氧）接触（良好混合），在满足着火条件的情况下才能燃烧。

（3）保证充足的燃烧时间：因为燃烧是有一定速度的，所以必须保证可燃成分在高温环境下停留一定时间来完成燃料的燃烧过程。

2）燃烧过程

燃料燃烧过程就是燃料中的可燃物质剧烈氧化放热的过程。为了保证燃料的完全燃烧，保证燃烧设备内有充足的氧气供应，必须向炉内送入适量的空气，并使之与燃料充分混合，尽可能做到不留下未燃尽的可燃成分，达到完全燃烧，将燃料中的化学能全部释放转变为热能，以提高燃料的燃烧效率。下面主要针对中国石油管道公司情况介绍一下液体燃料和气体燃料的燃烧过程。

（1）液体燃料。液体燃料燃烧过程由液体燃料雾化、燃料液滴的汽化和蒸发、燃料与空气的混合和燃料液滴燃烧4个分过程组成。前三者是物理过程，后者则是化学过程。这些过程的进行各有先后，但又相互影响，交错重叠。

液体燃烧的雾化过程是液体燃料燃烧的前提，该过程可利用雾化喷嘴来完成。液体燃料的雾滴状态是加速汽化不可缺少的，液滴粒径越小所需的汽化时间越短，燃烧速度越快、燃烧效果越好。

液体燃料的汽化或蒸发过程是液体燃料燃烧的必经阶段。由于燃料着火温度往往高于液体燃料的沸点，因此至燃料燃烧反应之前必然存在汽化过程，使燃料油变成气态或使浆体燃料变成气态或固态。只有完成了汽化过程，才能使燃料与空气中的氧最为有效地接触，并最终完成燃料与空气的混合过程。轻质液体燃料的汽化是纯物理过程，重质液体燃料的汽化包括化学裂解过程，浆体燃料的汽化包括液体的蒸发和煤粒的挥发分析出。

混合过程包括液体燃料液滴与空气的混合、燃油蒸气与空气的混合及煤粒的挥发分与空气的混合。

燃料液滴的燃烧过程不同于煤粉的燃烧。燃料液滴在着火前实际上已先行蒸发，在燃料表面形成一层燃油蒸气。它燃烧可以看成是燃料油蒸气和空气的燃烧，一种气态物质的均相燃烧过程。但对于重质油而言，燃料油燃烧并非严格意义上的纯气体化学反应。因为油气会进行热分解，在一定条件下，分解固体炭黑，因此可能会同时进行气—气、气—固两相反应，若供氧量不足或温度不够高，则形成炭黑未燃完而被带走，造成不完全燃烧热损失。

液体燃料的雾化是液体燃料喷雾燃烧过程的第一步，它能增加燃料的比表面积、加速燃料的蒸发气化和有利于燃料与空气的混合，从而保证燃料迅速而完全燃烧。因此，雾化质量的好坏对液体燃料的燃烧过程起着决定性作用。

① 雾化过程及机理。雾化过程就是把液体燃料碎裂成细小液滴群的过程。它与流体的湍流扩散、液滴穿越气体介质时所受到的空气阻力、液体燃料本身的黏度和表面张力等因素有关。研究表明，液体燃料射流与周围气体间的相对速度和雾化喷嘴前后的压力差是影响雾化过程的重要参数，压力差越大，相对速度越大，雾化过程进行得就越快，液滴群尺寸也就越细，燃烧效果就越好。

液滴在气体中飞行时将受到两种力的作用：一是外力，它是由液体压力形成的向前推进力、气体的阻力和液滴本身的重力所组成（由于液滴很小，其自身重力可忽略不计）；二是内力，有内摩擦力（宏观表现是黏度）和表面张力，这两种力都将液滴维持原状。当液滴较大且飞行速度较快时，外力大于内力，液滴发生变形。因外力沿液滴周围分布是不均匀的，因此变形首先从液滴被压扁开始，这样液滴就会被分离成小液滴，如分离出的小液滴所受到的外力仍然大于内力，则液滴将进一步分离变小。随着分裂过程的进行，液滴直径不断减小，质量和表面积也不断减小，这就意味着外力不断减小而内力（表面张力）不断增加，最后内外力达到平衡时整个雾化过程结束。

根据对雾化过程和机理的分析可以看出，在实际工作中强化液体燃料雾化的主要方法有：第一，提高液体燃料的喷射压力；第二，降低液体燃料的黏度与表面张力，如提高燃料的温度可以降低其黏度和与表面张力；第三，提高液滴对空气的相对速度。

② 雾化方式。根据雾化的机理不同，工程上常见的雾化方式有压力式、旋转式和气动式3种。

压力式雾化喷嘴又称离心式机械雾化器。其作用原理是液体燃料在一定的压力差作用下沿切向孔（或槽）进入喷嘴旋流室，获得高速旋转的转动能并通过喷嘴喷出，使壁面约束突然消失，于是在离心力的作用下射流迅速扩展，从而雾化成许多小液滴，完成雾化过程。

旋转式雾化喷嘴把液体燃料供给旋转体，借助于离心力以及周围空气的动力使其雾化。

气动式雾化喷嘴又称介质式雾化喷嘴，它是利用空气或蒸汽作为雾化介质，将其压力能转换为高速气流，使液体喷射成雾化炬。

（2）气体燃料。在燃烧过程中气体燃料与液体、固体燃料相比就简单多了，它发热量高、点火容易、燃烧调节方便，且容易实现自动控制。对于中国石油管道公司使用的石油天然气属于高热值燃料(发热值大于 $25MJ/m^3$，即 $6000kcal/m^3$)，由于它可燃成分多、发热量高、需要体积小、混合方便，因混合不好而产生不完全燃烧损失较小，为此亦采用扩散燃烧，即燃烧时燃料和空气分别(不预先混合)进入炉膛，边混合边燃烧。没有液体燃料的那些烦琐复杂的混合、气化、蒸发和雾化过程。

3) 过剩空气系数与燃烧效率

过剩空气系数是指实际供给的空气量与理论空气量之比。

理论空气量是指 1kg(固体或液体)或 $1m^3$(气体)燃料完全燃烧，而烟气中没有剩余氧时所需的空气量(可通过对燃料的元素分析和化学反应方程计算)。

实际空气量是指燃烧设备在运行时，为实现燃料的完全燃烧，而实际供给的空气量。

在加热设备的运行中，受设备和燃烧技术的限制，若按理论空气量供入炉内，很难使空气中的氧($O_2$)与燃料中的可燃元素($C$，$H$，$S$)全部结合，必将留下未燃尽的燃料成分，成为燃烧损失；若供给空气量过大，等于将多余的冷空气白白加热成烟气排出，而形成排烟热损失，同时过多的空气量会降低炉内的燃烧温度(炉膛温度)；此外，随着过剩空气系数的增大，使烟气的容积也相应增加，烟气流速提高，因而使排烟温度提高，使给风机的耗电量也增加。所以，过剩空气系数的大小直接影响加热设备的运行效率。

合理的过剩空气系数应使各项热损失之和为最小，即加热设备热效率为最高，此时的过剩空气系数称为最佳过剩空气系数。

在实际生产现场，过剩空气系数需要测试才能得知，在加热设备燃烧系统操作屏上直接能够看到和调节的是烟气含氧量，为了便于操作，使每位司炉工均能了解设备运行效率的高低和设备是否在最佳状态下运行，及时调节送风量，根据过剩空气系数和烟气中的含氧量之间存在 $\alpha = \dfrac{21}{21 - O_2}$ 的近似关系及 SY/T 6837—2011《油气输送管道系统节能监测规范》，给出不同容量下加热设备的合格指标与对应含氧量的控制值，见表 3-1-1 和表 3-1-2。

**表 3-1-1　不同容量下燃油直接加热炉和热媒炉各项指标控制值表**

| 监测项目 | 评价指标 | 0.35<D≤1.8 | 1.8<D≤2.5 | 2.5<D≤5.0 | 5.0<D≤8.0 | D>8.0 |
|---|---|---|---|---|---|---|
| 排烟温度<br>(℃) | 直接加热炉限定值 | ≤230 | ≤220 | ≤215 | ≤210 | ≤205 |
| | 热媒炉限定值 | ≤190 | ≤180 | ≤175 | ≤165 | ≤160 |
| 空气系数 | 限定值 | ≤2.0 | ≤1.8 | ≤1.7 | ≤1.5 | ≤1.4 |
| 炉体外表面温度<br>(℃) | 限定值 | ≤50 | | | | |
| 热效率<br>(%) | 限定值 | ≥78 | ≥82 | ≥84 | ≥86 | ≥87 |
| | 节能评价值 | ≥81 | ≥85 | ≥86 | ≥88 | ≥89 |

注：D 为加热炉额定容量，单位为 MW。

**表 3-1-2　不同容量下燃油(气)锅炉各项指标控制值表**

| 监测项目 | 评价指标 | 0.03≤D<0.7 | 0.7≤D<1.4 | 1.4≤D<2.8 | 2.8≤D<7.0 | 7.0≤D<14.0 | D≥14.0 |
|---|---|---|---|---|---|---|---|
| 排烟温度<br>(℃) | 限定值 | ≤235 | ≤225 | ≤210 | ≤195 | ≤180 | ≤170 |

续表

| 监测项目 | 评价指标 | 0.03≤D<0.7 | 0.7≤D<1.4 | 1.4≤D<2.8 | 2.8≤D<7.0 | 7.0≤D<14.0 | D≥14.0 |
|---|---|---|---|---|---|---|---|
| 空气系数 | 限定值 | ≤1.8 | ≤1.7 | ≤1.6 | ≤1.6 | ≤1.6 | ≤1.5 |
| 炉体外表面温度(℃) | 炉侧限定值 | ≤50 | | | | | |
| | 炉顶限定值 | ≤70 | | | | | |
| 热效率(%) | 限定值 | ≥75 | ≥78 | ≥82 | ≥86 | ≥87 | ≥89 |
| | 节能评价值 | ≥78 | ≥81 | ≥84 | ≥88 | ≥89 | ≥90 |

注：$D$ 为锅炉额定容量，单位为 MW。

不同的过剩空气系数和不同的排烟温度造成的热损失有很大关系。下面给出"相同排烟温度下，不同过剩空气系数(含氧量)时的热损失"和"相同过剩空气系数(含氧量)，不同排烟温度时的热损失"两项参考表 3-1-3 和表 3-1-4 进行说明。

表 3-1-3　相同排烟温度下，不同空气过剩系数时的热损失

| 排烟温度(℃) | 300 | | | | | | |
|---|---|---|---|---|---|---|---|
| 过剩空气系数 | 1 | 1.2 | 1.4 | 1.6 | 1.8 | 2.0 | 2.2 |
| 相对含氧量 | 0 | 3.5 | 6 | 7.87 | 9.3 | 10.5 | 11.45 |
| 排烟损失(%) | 12.6 | 14.6 | 16.7 | 18.8 | 20.9 | 23 | 25.1 |

表 3-1-4　相同过剩空气系数，不同排烟温度时的热损失

| 过剩空气系数 | 1.2 | | | | | | |
|---|---|---|---|---|---|---|---|
| 排烟温度(℃) | 100 | 200 | 300 | 400 | 500 | 600 | 700 |
| 相对含氧量 | 3.5 | 3.5 | 3.5 | 3.5 | 3.5 | 3.5 | 3.5 |
| 排烟损失(%) | 4.8 | 9.7 | 14.6 | 20 | 25 | 30.4 | 35.9 |

当排烟温度在 300℃时，过剩空气系数每增加 0.2 排烟热损失增加 2.1%；当过剩空气系数为 1.2(含氧量为 3.5)时，排烟温度大约每提高 20℃，排烟热损失增加 1%。

由此可见，合理的过剩空气系数应该是使加热设备的各项热损失之和为最小，即热效率为最高，这时的过剩空气系数称为最佳过剩空气系数。显然，送入燃烧设备的空气量应当使过剩空气系数维持在最佳值附近。经过多年的运行、测试经验，给出加热设备在 70%～100%负荷时过剩空气系数最佳范围，见表 3-1-5。

表 3-1-5　加热设备最佳过剩空气系数范围及相对的含氧量

| 过剩空气系数 | | 对应含氧量 | |
|---|---|---|---|
| 重油(原油) | 气体燃料 | 重油(原油) | 气体燃料 |
| 1.1～1.4 | 1.05～1.3 | 1.9～6 | 1～4.85 |

# 第二节　油气管道系统主要耗能设备基本知识

管道输送是中国石油管道公司的主业，每年仅主要耗能设备(炉、泵及压缩机)的耗能量就占全公司总耗能量的 83%以上，为此，了解主要耗能设备原理及在输油气生产中的地

位对节能工作极为重要，可根据管线及设备特性、匹配程度分析、查找节能潜力，解决能源浪费问题。为此了解管道系统主要耗能设备的主要特性，是节能管理工作者必备的基础知识。

## 一、输油泵的技术特性及节能技术

输油泵是长输管道系统的主要耗能设备之一，它的作用是将机械能传递给管道输送的介质，增加介质的位能、压能或动能，以便把介质输送到工艺所要求的位置。

管道输油泵类型虽然很多，但大多数是属于离心泵，在此主要介绍离心泵的有关知识，其他类型输油泵的有关知识请参考相关专业教材。

1. 离心泵的结构

离心泵主要由吸入室、叶轮、排除室、轴、密封填料和支座等构成，有些离心泵还装有导叶、诱导轮和平衡盘等。

离心泵的过流部件包括吸入室、叶轮及排除室(又称蜗壳)，其作用如下：

(1) 吸入室。吸入室位于叶轮进口前，其作用是把液体从吸入管引入叶轮，要求液体流过吸入室时流动损失较小，并使液体流入叶轮时速度分布较均匀。

(2) 叶轮。叶轮是离心泵的唯一做功部件，液体从叶轮中获得能量。对叶轮的要求是在流动损失最小的情况下使单位质量的液体获得较高的能头。

(3) 排出室。排出室又称蜗壳，位于叶轮出口之后，其作用是把从叶轮内流出来的液体收集起来，并按一定的要求送入下级叶轮入口或送入排出管。由于液体流出叶轮时速度很大，为了减少后面管路中的流动损失，要求液体在蜗壳中减速增压，同时尽量减少流动损失。

2. 离心泵的分类

离心泵的类型很多，随使用目的不同，有多种结构。常用的分类方法如下：

(1) 按叶轮级数分。

单级泵：安装一个叶轮，泵体一般为蜗壳形。因为液体向外流动时，流道的横断面逐渐扩大，流速减小，将部分动能转化为静压能，起到能量转换的作用。

多级泵：在同一泵轴上装有两个或两个以上叶轮，多级离心泵扬程比较高，为每级叶轮的扬程之和。

(2) 按产生的压头分。

低压泵：压头低于 $240mH_2O$；

中压泵：压头在 $240\sim600mH_2O$；

高压泵：压头在 $600\sim1800mH_2O$；

超高压泵：压头在 $1800mH_2O$ 以上。

(3) 按比转数分。

低比转数：$50<N_s<80$；

中比转数：$80<N_s<150$；

高比转数：$150<N_s<300$。

(4) 按泵壳结构分。

蜗壳泵：它具有螺旋线形状的壳体，液体从叶轮甩出后，直接进入泵壳的螺旋形流道，再进入排出管线。

透平泵：在叶轮外边具有固定的导轮，液体自叶轮中流出后，先经过导轮的导流和转能，再流入蜗壳中二次升压。但对于垂直接缝的分段式泵只有导轮没有蜗壳，只是一次升压。

（5）按叶轮进水方式分。

单吸式泵：叶轮只有一个进液口，液体在叶轮中流动情况较好，但叶轮两侧所受的压力不同。

双吸式泵：叶轮两侧都有进液口，其流量约为单吸式泵的两倍，两面液流汇合时稍有冲击，但两面压力平衡。

（6）按泵壳的接缝形式分。

水平中开式泵：它是通过轴中心线的水平面上开有泵壳接合缝的泵。

垂直分段式泵：这类泵的泵壳是按叶轮级数联成一串，接缝与泵轴垂直，用螺栓紧固在一起。

**3. 离心泵的工作原理**

离心泵在启动之前，泵内应灌满液体，这个过程称为灌泵。启动工作时，驱动机通过泵轴带动叶轮旋转，叶轮中的叶片驱使液体一起旋转，因而产生离心力。在离心力的作用下，液体沿叶片流道被甩向叶轮出口，并流经蜗壳送入排出管。液体从叶轮获得的能量，使静压能和速度能均增加，并依靠此能量将液体输送到储罐或工作地点。

在液体被甩向叶轮出口的同时，叶轮入口中心处就形成了低压，在吸液罐和叶轮中心处的液体之间就产生了压差。吸液罐中的液体在这个压差的作用下，便不断地经吸入管路及泵的吸入室进入叶轮中。这样，叶轮在旋转过程中，一面不断地吸入液体，一面又不断地给吸入的液体以一定的能头，将液体排除，离心泵便如此连续不断地工作。图3-2-1为离心泵结构示意图。

**4. 离心泵的特点**

离心泵之所以在输油生产中得到广泛的应用，主要是由于与其他类型泵相比具有以下特点：

（1）流量均匀，运行平稳、噪声小。

（2）在大流量下，泵的尺寸并不大，结构简单、紧凑、重量轻。

（3）调节方便，流量和压力可在很宽的范围内变化，只要改变出口阀开度就可调节流量和压力。

（4）转速高，可以与电动机、汽(燃气)轮机、柴油机直接连接。

（5）操作方便可靠，易于实现自动控制，检修维护方便。

（6）压力取决于叶轮的直径和转数，而且不会超过由这些参数所确定的一定值。

（7）由于离心泵没有自吸能力，在一般情况下启泵前需灌泵。

（8）当输送的液体黏度增加时，对泵的性能影响较大，这时泵的流量、压力、吸入能力和效率都会下降。

**5. 离心泵的特性参数**

**1）流量**

流量也叫排量，就是泵在单位时间内所输送的液体的数量，可用体积流量($Q$)或质量流量($G$)两种单位表示。

流量的质量单位和体积单位的换算关系为：

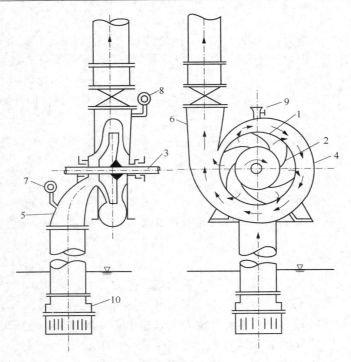

图 3-2-1　离心泵结构示意图

1—叶轮；2—叶片；3—泵轴；4—蜗壳；5—收剑管；6—扩散管；

7—真空管；8—压力表；9—注水排气阀；10—底阀

$$G = Q\rho \qquad (3-2-1)$$

式中　$G$——质量流量，kg/s；

$Q$——体积流量，$m^3/s$ 或 $m^3/h$；

$\rho$——液体密度，$kg/m^3$。

2）扬程（压头）

扬程是指每一单位重量的液体通过泵后，其能量的增加值，用 $H$ 来表示，其单位为 m。离心泵工作时，往往用压力表来测扬程，单位是 Pa。压力与扬程的换算关系为：

$$p = \gamma H \qquad (3-2-2)$$

式中　$p$——压力，Pa；

$\gamma$——液体重度，$N/m^3$；

$H$——扬程，m。

3）转速

转速指泵轴或叶轮每分钟的旋转次数，用 $n$ 表示，其单位为 r/min。为使工作稳定，要求转速不变。一般泵产品样本上规定的转速是指泵的最高转速许可值。实际工作中最高不超过许可值的 4%。转速的变化将影响其他一系列参数的变化。

4）功率

泵在单位时间内对液体所做的功，称为功率。用符号 $N$ 表示，单位为 W 或 kW。泵的功率有：轴功率、有效功率和原动机功率 3 种。

（1）轴功率。泵的轴功率，也就是动力输入到泵轴的功率，以 $N_z$ 表示，其单位为 kW。

（2）有效功率。有效功率是单位时间内流过离心泵的液体从泵那里得到的能量，用 $N$ 表示。泵的有效功率计算公式为：

$$N = \rho g Q H \qquad (3-2-3)$$

3 种功率之间的关系为：

$$N_z = N/\eta \qquad (3-2-4)$$

$$N_y = (1.1 \sim 1.2) N_z \qquad (3-2-5)$$

式中　$g$——重力加速度，$m/s^2$；

$\quad\quad N_y$——原动机功率；

$\quad\quad \eta$——泵效率，% 。

通常泵铭牌上标明的功率不是有效功率，而是指与泵配合的原动机的功率，称为配用功率。有些铭牌上标明轴功率，它是指泵需要的功率。

（3）效率。泵的功率大部分用于输送液体，使一定量的液体增加了压能，即所谓有效功率；而另一部分功率消耗在泵的轴与轴承、填料和叶轮与液体的摩擦上，以及液流阻力损失、漏失等各方面，这部分功率称为损失功率。效率是衡量功率中有效程度的一个参数，用符号 $\eta$ 并以百分比表示。即：

$$\eta = \frac{N}{N_z} \times 100\% \qquad (3-2-6)$$

（4）允许吸入高度。泵的允许吸入高度也叫允许吸上真空度，表示离心泵能吸上液体的允许高度。一般用 $H_{允}$ 或 $H_S$ 表示，单位为 m。为了保证泵的正常工作，必须规定这一数值，以保证泵入口液体不汽化，不产生汽蚀现象。

（5）比转数。比转数是一个能说明离心泵结构与性能特点的参数，它是利用相似理论求得的，用符号 $n_s$ 表示。

$$n_s = \frac{3.65 n \sqrt{Q}}{H^{3/4}} \qquad (3-2-7)$$

任何一台泵，根据相似原理，可以利用比转数 $n_s$ 按泵叶轮的几何相似与动力相似的原理对叶轮进行分类。比转数相同的泵即表示几何形状相似，液体在泵内运动的动力相似。对于单级单吸泵，$n_s$ 的计算式为：

$$n_s = \frac{3.65 n \sqrt{\dfrac{Q}{2}}}{H^{3/4}} \qquad (3-2-8)$$

对于单级双吸泵，$n_s$ 的计算式为：

$$n_s = \frac{3.65 n \sqrt{Q}}{\left(\dfrac{H}{i}\right)^{\frac{3}{4}}} \qquad (3-2-9)$$

式中　　$n$——转速，r/min；

　　　　$Q$——流量，m³/s；

　　　　$H$——扬程，m；

　　　　$i$——离心泵的级数。

6. 离心泵的能量损失

在离心泵转换能量过程中，不是所有的机械能都能成为有效功，运转时不可避免地会有各种能量损失。因此，要提高泵的效率，做到合理地选择和使用离心泵，必须研究泵内的各种损失。泵内的能量损失可分为：水力损失、容积损失和机械损失 3 类。

1）水力损失

离心泵的水力损失是指叶轮传给液体的能量，其中有一部分没有变成压力能，这部分能量损失称为水力损失。水力损失包括冲击损失、旋涡损失和沿程摩擦损失。

2）容积损失

离心泵的容积损失主要是由于泵的泄漏，泵的实际排出量总是小于吸入量，这种损失称为容积损失，其大小可用容积效率来表示。容积损失包括密封环泄漏损失、平衡机构的泄漏损失和级间泄漏损失。

3）机械损失

离心泵的机械损失是指叶轮在旋转时，液体与叶轮表面、泵的其他零件之间所产生的摩擦损失。

7. 离心泵的特性曲线与工作点

1）离心泵的特性曲线

在泵的转速不变的情况下，泵的流量、压头、功率和效率等之间存在着相互关系，这些相互关系可用 $Q$—$H$，$Q$—$N$ 和 $Q$—$\eta$ 曲线图来表示，这种曲线图就叫做泵的特性曲线图。离心泵的特性曲线是用来表示离心泵主要参数之间关系的曲线，是根据实验获得的数据绘制而成的。曲线图上的任何一个参数发生变化，其他的数值都会随之改变。

如图 3-2-2 为一台离心泵的流量—压头（$Q$—$H$）、流量—功率（$Q$—$N_z$）、流量—效率（$Q$—$\eta$）3 种特性曲线图。横坐标为流量（$Q$），纵坐标为压头（$H$）、轴功率（$N_z$）、效率（$\eta$）。

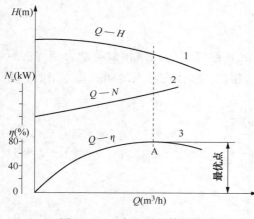

图 3-2-2　离心泵的特性曲线

从图 3-2-2 曲线中可以看出，离心泵在正常工作范围内，压力随流量的增大而变小；反之，压力随流量的减小而增大（见 $Q$—$H$ 曲线）。流量增加功率随之增加；反之，流量减少，功率也减少。不同比转数的 $Q$—$N_z$ 特性曲线图是不一样的（见 $Q$—$N_z$ 曲线）。流量效率特性曲线（见 $Q$—$\eta$ 曲线）是一条凸起的曲线，随流量的增加而增加，达到最高点后，流量增加则效率开始下降。这个最高点称该泵的额定工作点，即最优工作点（图 3-2-2 中 A 点）。相应这一点的流量、扬程、功率和效率分别称为额定流量、额定扬程、额定功率和额定效率。

2）离心泵的工作点

管路中流量与克服流体流经管路时所需的能量之间存在着一定的关系，这种关系通常用 $Q—h$ 曲线来表示，则 $Q—h$ 曲线就称为管路特性曲线，如图 3-2-3 所示。

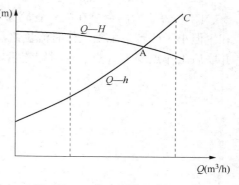

泵在管路系统中工作时，泵给出的能量与管路消耗的能量相等的点，称为离心泵的工作点。这一点就是泵的特性曲线（$Q—H$）与管路特性曲线（$Q—h$）的交点 A。如图 3-2-3，当离心泵在管路中工作时，其 $Q—H$ 特性曲线和 $Q—h$ 特性曲线确定后，则工作点就确定了；反之，$Q—H$ 特性曲线或 $Q—h$ 特性曲线发生变化，则工作点也相应改变。

图 3-2-3　离心泵的工作点

3）离心泵的串联和并联

在实际工作中，如果使用一台泵不能满足工作需要，则可以把两台或多台泵串联或并联使用，串联工作可以增大扬程，并联工作可以增大流量。

（1）离心泵的串联。

如图 3-2-4 为两台泵在同一管路条件下的串联工作特性曲线图。此时，两台泵的流量比一台泵工作时要大些，扬程大致为两泵之和，但比单泵工作时扬程之和小些。图中 A 点为串联之前一台泵的工作点，当两台泵串联后工作点变为 B 点。

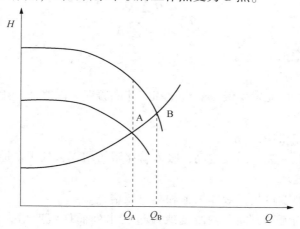

图 3-2-4　离心泵的串联特性曲线示意图

泵串联工作后，在一定流量下，压头和功率是相加的，其效率可按式（3-2-10）求得：

$$\eta = \frac{Q \sum H}{1000 \sum N} \gamma \qquad (3-2-10)$$

式中　$Q$——流量，$\mathrm{m^3/s}$

$\gamma$——液体重度，$\mathrm{N/m^3}$；

$\sum H$——压头总和，$\mathrm{m}$；

$\sum N$——功率总和，$\mathrm{W}$。

（2）离心泵的并联图。

图 3-2-5 为两台泵在同一管路条件下的并联工作特性曲线图。此时，总流量为两泵之和，但小于两台泵单独工作时流量之和。图中 A 点为并联之前一台泵的工作点，当两台泵并联后工作点变为 B 点。这时因流量增大，所以联合工作点 B 高于单泵的工作点。

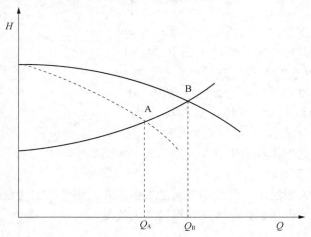

图 3-2-5　离心泵的并联特性曲线示意图

泵并联工作时，在固定压头下，流量、功率是相加的。效率可按式（3-2-11）求得：

$$\eta = \frac{H \sum Q}{1000 \sum N} \gamma \qquad (3-2-11)$$

式中　$\sum Q$——流量总和，$m^3/s$。

8. 离心泵的汽蚀

泵在运行过程中，可能发生液体的汽化和气体的凝缩，随之而产生的水力现象，称为泵的汽蚀。

1）离心泵产生汽蚀的主要原因

（1）吸入压力降低，吸入高度过高，吸入管路阻力增大，处于高原大气压降低等因素。

（2）输送液体黏度增大。

（3）输送液体的温度过高，液体的饱和蒸汽压增大。

（4）液体在叶轮内流动方向急剧改变或流过突出处而使流速增大，造成泵内局部压力下降。

2）离心泵产生汽蚀的危害

（1）汽蚀可以产生很大的冲击力，将使金属零件的表面（叶轮或泵壳）产生凹陷或对零件引起疲劳性破坏以及冲蚀的产生。

（2）由于低压的形成，从液体中将析出氧气和其他气体。在受冲击的地方产生化学腐蚀，在机械损失和化学腐蚀的作用下，加速了液体流通部分的破坏。

（3）汽蚀开始阶段，由于发生的区域小，气泡不多，不致影响泵的运行，泵的性能不会有大的改变，当汽蚀达到一定程度时，会使泵的流量、压力和效率下降，严重时断流，吸不上液体，破坏了泵的正常工作。

（4）在很大的压力冲击下，可听到泵内很大的噪声，同时泵机组产生振动。

3）防止离心泵产生汽蚀的措施

（1）改善泵的吸入条件。

（2）改善泵的结构。

（3）降低泵的转速。

（4）降低泵的流量。

9. 液体黏度对离心泵特性的影响

离心泵在输送不同黏度的液体时，离心泵的特性是不同的。当液体的黏度增大时，流量、扬程和功率都降低，轴功率增大。因为黏度增大，液体流经叶轮及泵壳的水力损失增加，也使密封环的摩擦损失增加，容积损失随泄漏量减少而减少，但总效率是下降的；同时，泵的吸入条件变坏，容易抽空，产生汽蚀，所以必须改善吸入条件，采用正压进泵；在输送黏度大的液体时，应采用大排量、比转数高、尺寸较大的泵为宜。

10. 离心泵的驱动方式

石油长输管道以及油田地面工程中常用的离心泵驱动机有电动机、柴油机、燃气轮机和蒸汽轮机。本节仅针对使用较多的三相异步电动机进行介绍。

三相异步电动机是泵类流体机械使用广泛的原动机，它的作用是将电能转换为机械轴功，带动离心泵等流体机械进行工作。三相异步电动机的优点是结构简单、制造容易、运行可靠、坚固耐用、运行效率较高且适用性强，缺点是功率因数较低。

1）基本结构组成

三相异步电动机主要由两部分组成：定子（固定部分）和转子（旋转部分）。根据转子构造的不同又分为笼形和绕线形两种形式的三相异步电动机。笼形转子绕组做成鼠笼状，在转子铁芯的槽中放置铜条，两端用端环连接。绕线形三相异步电动机的转子绕组是三相绕组，它可以连接成"Y"形或"△"形，转子绕组的 3 条引线分别连接到 3 个滑环上，用一套电刷装置引出来，这就可以把静止的外接电路串联到转子绕组回路里去，其目的是改善电动机的特性或为了调速。

2）工作原理

三相异步电动机的定子接三相交流电后，电动机内便形成圆形旋转磁通势。如果将三相定子绕组做不同的安排，就可产生多对磁极对数的旋转磁通势。当旋转磁场旋转时，相对于磁极，转子向相反的反向旋转并切割磁通，导条中就感应出电动势。在电动势的作用下，闭合的导条中产生电流；电流与旋转磁场相互作用，使转子导条受到电磁力，并由此产生电磁转矩而使转子转动。转子的转动方向和磁极的旋转方向相同。正常工作时，转子的转速小于旋转磁场的转速，使转子与旋转磁场保持"异步"而具有相对运动，以保证转子导条切割磁通，这也是三相异步电动机名称的由来。

3）机械特性

三相异步电动机稳定运行时的转矩 $M_e$ 与阻转矩（主要是机械负载转矩和空载损耗转矩）相平衡。若忽略空载损耗转矩，已知电动机额定输出的机械轴功率 $N_e$（kW），则电动机额定转矩 $M_{eN}$、额定转速 $n$ 与输出机械轴功率 $N_e$ 的关系为：

$$M_{eN} = 9550 \left( \frac{N_e}{n_N} \right) \qquad\qquad (3-2-12)$$

三相异步电动机有 3 个重要的转矩：

（1）额定转矩 $M_{eN}$。它是电动机在额定电压下，以额定转速运行并输出额定功率时，电动机转轴上输出的转矩，可由电动机铭牌参数，利用式（3-2-12）求得。

（2）最大转矩 $M_{emax}$。它反映了电动机带动最大负载的能力。电动机的最大转矩 $M_{emax}$ 与额定转矩 $M_{eN}$ 之比 $\lambda = M_{emax}/M_{eN}$ 称为过载系数，一般三相异步电动机的过载系数为 1.8 ~ 2.2。在选用电动机时，必须考虑可能出现的最大负载转矩，根据所选电动机的过载系数算出电动机的最大转矩，它必须大于最大负载转矩。由于三相异步电动机的最大转矩 $M_{emax}$ 与电压的平方成正比，所以 $M_{emax}$ 对电压的波动很敏感，使用时要注意电压的变化。

（3）启动转矩 $M_{est}$。它是电动机启动时的转矩，体现了电动带载启动的能力，若启动转矩 $M_{est} > M_L$（负载转矩），电动机能启动，否则将不能启动。

三相异步电动机的机械特性也反映了电动机的自适应负载能力，即电动机的电磁转矩可以随负载的变化而自动调整。例如，当启动时，$M_{est} > M_L$，电动机启动，转速 $n$ 逐渐升高，电磁转矩 $M_e$ 也升高；$M_e$ 达到最大时，随着 $n$ 继续升高，$M_e$ 开始下降，当电磁转矩与负载转矩相等，转速不再升高，运行稳定。如果外界负荷增大，即负载转矩 $M_L$ 升高，电磁转矩 $M_e$ 会暂时小于 $M_L$，导致转速 $n$ 下降，而转差率则随之升高，造成转子线圈内的电流升高，致使电磁转矩升高，达到新的转矩平衡后稳定运行。外界负荷降低的情况类似分析。

4）三相异步电动机的调速

三相异步电动机调速有 3 种途径：（1）改变极对数；（2）改变电源频率；（3）改变转差率。其中，变频调速技术应用较为广泛。变频装置主要由整流器和逆变器两大部分组成，整流器先将频率为 50Hz 的三相交流电变换为直流电，再由逆变器变换为频率可调、电压也可调的三相交流电，供给三相异步电动机，由此可以得到电动机的无级调速。变频调速通常有恒转矩调速和恒功率调速两种方式。

11．输油泵的节能技术

目前，中国石油管道公司所辖输油管道所采用的输油泵其泵额度效率多数在 85% 以上，均属于节能达标设备，但由于各条管线实际运行情况各不相同，低负荷管线居多，输油泵的工作点被改变，致使运行效率偏低，经监测显示，输油泵平均运行效率仅为 73% 左右（其中成品油管线较高，在 81% 左右，而原油管线仅在 71% 左右），机组运行效率仅为 66%（其中成品油管线在 73% 左右，原油管线仅达 64% 左右）；对于个别极低输量管线，其泵效不足 50%。

为了提高输油泵效率、节约能源，有必要对输油泵及工艺等进行改进。改进的措施有以下方面：结合管线及长期的输油计划，合理选用泵的设计参数；对现有输油泵选用合适的调节与调速方式；更新换代，采用高效设备；根据输油计划，及时、合理调整沿线站场输油泵的匹配；及时维修，严格控制口环间隙及其密封间隙。

1）泵设计参数的合理选用

选泵时，对泵的流量和扬程留过大的富裕量，会导致高效泵低效运行或高效的变速调节方式发挥不出高效优越性的严重后果，致使有些泵站出现"大马拉小车"的现象。

我们知道，一台固定的油泵，其 $Q$—$H$ 曲线是固定的，如图 2-2-6 所示。将泵安装在某一管路中，当它的出口阀全开时，管路的特性曲线为 $R_1$，泵应在 A 点 $(Q_0, H_0)$ 工作，由于实际流量 $Q_1$ 没有达到额定流量 $Q_0$，只好采用关小出口阀的方法，这样，管路的特性曲线

$R_1$ 上升到 $R_2$，工作点由 A 点（$Q_0$，$H_0$）移到 B 点（$Q_1$，$H_1$），此时，若管道阻力不变，所需扬程仅为 $H'$，但实际上却上升到 $H_1$，如此便造成了图 3-2-6 中面积 $H_1BCH'$ 的功率损耗，这就是节流损失。此外，由于节流，离心泵的工作点偏离了额定工作点，泵效由 $\eta_0$ 下降到 $\eta_1$。

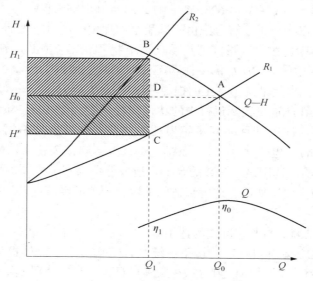

图 3-2-6 输油泵节流损失示意图

这些损失值为：

$$\Delta N = \frac{\gamma Q_1}{102}\left(\frac{H_1}{\eta_1} - \frac{H_0}{\eta_0}\right) \qquad (3-2-13)$$

式中　$\Delta N$ —— 节流损失，kW；

　　　$\gamma$ —— 液体的重度，N/m³；

　　　$Q_0$ —— A 点流量，m³/s；

　　　$H_0$ —— A 点扬程，m；

　　　$Q_1$ —— B 点流量，m³/s；

　　　$H_1$ —— B 点扬程，m；

　　　$\eta_0$ —— A 点效率，%；

　　　$\eta_1$ —— B 点效率，%。

这些损耗，在泵常年运行中不断地累计增加，所浪费的能源就极为可观了。例如：昌图输油站 401# 输油泵型号为 KSY2850F-95A，额定参数 $Q_0 = 2850$m³/s，$H_0 = 102$ m，$\eta_0 = 88\%$，配用电动机功率 $N = 1200$kW。2012 年 12 月 14 日测试结果为：$Q_1 = 1536.58$m³/s，$H_1 = 129.94$m，$\eta_1 = 75.94\%$。

计算得出泵的实际功率为：

$$N = \frac{\gamma Q_1 H_1}{102\eta_1} = \frac{850 \times 1536.58 \times 129.94}{102 \times 0.7594 \times 3600} = 608.62 \quad \text{kW}$$

如不采用关小出口阀节流方法（即管路特性曲线不变的情况下），输送 $Q = 1536.58$m³/h 的油品，只需消耗功率：

$$N' = \frac{\gamma Q_1 H_0}{102\eta_0} = \frac{850 \times 1536.58 \times 102}{102 \times 0.88 \times 3600} = 412.28 \quad kW$$

由此得出该泵在此输量下的节流损失为：

$$N - N' = 608.62 - 412.28 = 196.34 \quad kW$$

值得注意的是，以上分析没有考虑由于选用泵和配用电动机过大而带来的电动机效率下降，所进行的分析计算是在泵流量降低后管路所需扬程仍不变(仍为$H_0$)的条件下计算的，即只考虑了图3-2-6中的$H_1BDH_0$的多耗功率，但实际上通过的流量为$Q_1$，所需克服管路阻力是$H'$而不是$H_0$，也就是说，真正的损耗功率应是$H_1BCH'$。

综上所述，该泵在此输量实际运行中的功率损耗一定大于196.34kW。即使按照该泵在此输量下运行只有半年时间的话，其每年损耗的功率及电能也是相当可观的。即196.34×4320＝848189(kW·h)；电价按0.7元/(kW·h)计算，则该泵每年浪费的动力费用就高达59.37万元。经验证明，选用过大参数的泵，是造成能源浪费的主要原因。所以，选泵时应精确地分析计算，防止层层加码，选定合适的参数，使泵的经济性及运行效率基本上接近最高效率值。

2）对现有输油泵调节与调速方式的选用

任何一台输油泵都必须和一定的管路系统联合工作。泵向液体提供能量，给液体以动力；而管路则消耗能量，给液体以阻力。在实际运行中，当供消双方发生不平衡现象时，就需要对某一方进行调节。使输油泵与管路的联合工作处于有利的状况，发挥较高的效率。

为了满足生产实际的需要，经常要根据客观运行条件的变化来调节输油泵的流量和扬程的大小，改变泵的流量和扬程，就得改变泵的工作点。也就是要改变管路或泵的特性曲线。因为，输油泵的工作点是由泵的特性曲线和管路特性曲线的交点来确定的。在转数不变的情况下，泵的特性曲线只有一条；当管路上的装置不变时，管路特性曲线也不会变动，两条不变的曲线的交点，也是不会改变的，而且只相交于一点。故泵在正常工作时，泵的工作点是一定的。因此，这种人为的、采取一定措施来改变泵工作点的做法，称为泵的流量调节。

输油泵的流量调节大致可分为两大类：一类是改变泵的特性曲线位置；二是改变管路特性曲线的位置。只要改变其中任何一条曲线的位置，工作点就会发生位移，相应的流量和压力值也随之改变。

（1）改变管路特性的调节方式。

① 调节出口管路阀门开度。离心泵在转数不变的情况下，利用改变泵出口阀的开度来调节流量是一种最简单而常用的方法。如图3-2-7所示，设阀门全开时，管路的特性曲线与泵特性曲线的交点1是工作点。

假如泵的特性曲线不变，需把流量调小时，可把出口阀开度关小，则管路特性曲线变陡，工作点移至2或3，此时流量相应变小，压头升高，功率和效率都相应降低，从而实现了流量调节的目的。这种方法虽简单、调节方便，但在泵出口阀上要消耗较多能量，损失大，泵装置的调

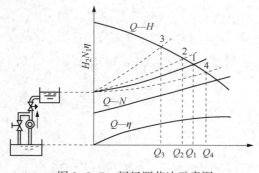

图3-2-7 阀门调节法示意图

节效率低，长期工作是非常不经济的。随着变频技术的发展、变频装置价格的下降，变频技术逐渐替代了用调节出口管路阀门开度来调节输量的方法。

② 回注法：利用进、出口旁通阀调节流量。把泵的进、出口管线用一旁通管线连接起来，使一部分出口液体流回入口管线，回流的大小用旁通阀的开度来调节。

如图 3-2-7，当旁通阀上的阀门开启时，相当于两条管路并联工作，阻力降低，泵所需要的压头降低，管路特性曲线变平，而工作点移到如图 3-2-7 中的 4 点。这时，经过输油泵的总流量增加，但由于液体的回流，使排出管输入干线的流量减小，造成从排出管经旁通管路流回吸入端的液体能量白白浪费掉了。因此，这种调节法也是不经济的，随着管道技术的发展，目前该方法基本被取消不用了。

（2）改变泵的特性曲线的调节法。

① 切割叶轮外径。为了扩大泵的使用范围，可把叶轮外径车小几个不同的等级，配合泵的高效区达到流量调节的目的。因为叶轮外径的改变将改变泵的扬程、流量和功率，一般来说，增大外轮外径受到泵结构的限制，所以在实际应用中往往都是切割叶轮外径。

切割叶轮外径后，不仅使扬程、流量和功率减小，而且效率也有所降低，同时，最高效率点也向小流量方向偏移。离心泵叶轮的切割量不能超过某一范围，这是因为切割过多将使效率降低太多。一般说来，切割量不大时认为效率基本不变。随着切割量的增大，效率将降低，在高比转数离心泵中则更为严重。在效率下降不太多的前提下，叶轮允许的切割量与比转数有关，见表 3-2-1。

表 3-2-1　允许切割量和比转数、效率的关系表

| 泵的比转数 | 60 | 120 | 200 | 300 | 350 | >350 |
|---|---|---|---|---|---|---|
| 允许最大切割量（%） | 20 | 15 | 11 | 9 | 7 | 0 |
| 效率下降 | 每切割 10% 效率下降 1% | | | 每切割 4% 效率下降 1% | | |

② 减少输油泵级数。对节段式多级输油泵，采取拆除叶轮的办法来降低级数，使泵的流量基本保持不变，扬程和功率随叶轮级数递减而降低，从而实现节能的目的。

③ 改变泵的转数。在管线特性曲线不变的情况下，通过改变泵轴转速，即调速运行，使得泵的特性曲线发生变化，这样就使工况点发生了变化，从而引起流量的变化。

这种调节方法并不造成附加的能量损失，调节效率高。这需要采用变转速的动力机，或保持动力机转速不变而采用能改变泵轴转速的中间传动装置来实现。泵的调速运行是离心泵节能的一个重要措施，主要用于流量变化范围较大，且变化频繁的系统。调速调节这种方法即提高了泵的运行效率，又增大了管网效率，因此它是离心泵节能的一个有效措施。

以风机、水泵为例，根据流体力学原理，流量与转速成正比，风压或扬程与转速的平方成正比，所以轴功率与转速的立方成正比，即 $P_e = K_b n^3$ 其中，$K_b$ 为折算系数，一般小于 1。理论上，如果流量为定额流量 75%，使感应电动机转速控制在额定转速的 3/4 运行，其轴功率为额定功率 42%，与采用挡板与阀门调节相比，可减少 58% 的功率。变频调速技术是当今节电、改善工艺流程以提高产品质量和改善环境、推动技术进步的一种主要手段。因此，调速技术应用在负载率偏低和流量变动较大的风机和泵类等流体设备的电力拖动上可获得显著的节电效益，这也是为什么风机和泵类是调速技术节电应用重点对象的主要原因。

3）输油泵变频调速装置的配备

变频调速有许多的突出优点，如：

（1）无级调速而且调速范围宽；

（2）柔性起动，对电网及系统无冲击，可延长设备使用寿命；

（3）系统保护功能强，具有过压、欠压、断路及短路等保护功能；

（4）启动电流小，用于频繁启动和制动场合；

（5）转差损失小，效率高；

（6）调速范围宽，一般可达20∶1，并在整个调速范围内均具有高的调速效率；

（7）线性好、控制精度高；

（8）施工简单，对系统无特殊要求；

（9）易于实现闭环自动控制。

在输油系统中，许多设备的能耗都与机组的转速有关，其中输油泵最为突出。这些设备一般都是根据生产中可能出现的最大负荷条件，如最大流量和扬程进行选择的，但在实际生产中，多数时间要比设计流量小且存在输送介质黏度、密度及流量的变化，如果选用的电动机是不能调速的，通常只能通过调节阀门的开度来控制流量，其结果在阀门上会造成很大的能量损失，且不能解决由于黏度和密度变化需泵提供压力变化的需求，如果采用变频技术，电动机会随着流量、黏度及密度的变化调整电动机转速，改变输入功率及输入电流，达到节约电能的目的。

## 二、压缩机的技术特性及节能技术

压缩机和泵是用来增加流体能量的机械。输送液体介质并提高其压力能的称为泵；输送气体介质并提高其压力能的则称为压缩机。

1. 压缩机的分类

压缩机按照作用原理可以分为容积式压缩机和速度式压缩机两大类。

（1）容积式压缩机。容积式压缩机又可以分为往复式压缩机（活塞式）和回转式压缩机（滑片式和螺杆式）。容积式压缩机是依靠工作容积的周期性变化来实现流体的增压和输送的。其中，活塞式是依靠活塞在气缸内做往复运动而实现工作容积的周期性变化，例如活塞式压缩机，隔膜式属于液压驱动，利用膜片来代替活塞的作用；回转式是借助于转子在缸内做回转运动来实现工作容积的周期性变化，例如滑片压缩机和螺杆压缩机等。

（2）速度式压缩机。速度式压缩机又可以分为透平式压缩机（离心式和轴流式）和喷射式压缩机。速度式压缩机依靠一种介质的能量来输送另一种流体介质。

由于目前离心式压缩机和往复式压缩机应用较为广泛，在此仅对这两类压缩机简要介绍。

2. 离心式压缩机的结构特点及驱动方式

1）离心式压缩机的主要组成

（1）叶轮：离心式压缩机中唯一对气体介质做功的部件。它随轴高速旋转，气体在叶轮中受离心力和扩压作用，因此，气体流出叶轮时的压力和速度都得到明显提高。

（2）扩压器：离心压缩机中的转能部件。气体从叶轮流出时速度很高，为此，在叶轮出口后设置流通截面逐渐扩大的扩压器，以将这部分速度能有效地转变为压力能。

（3）弯道：位于扩压器后的气流通道。其作用是将经扩压器后的气体由离心方向改为向心方向，以便引入下一级叶轮继续压缩。

（4）回流器：它的作用是为了使气流以一定的方向均匀地进入下一级叶轮入口。回流器中一般都装有导向叶片。

（5）吸气室：其作用是将气体从进气管（或中间冷却器出口）均匀地引入叶轮进行压缩。

（6）排出室（蜗壳）：其主要作用是把从扩压器或直接从叶轮出来的气体收集起来，并引出机外。在蜗壳收集气体的过程中，由于蜗壳外径及通流界面的逐渐扩大，因此它也起着一定的降速扩压作用。

在离心式压缩机中，习惯将叶轮和轴的组件统称为转子；而将扩压器、弯道、回流器、吸气室和蜗壳等称为定子。

2）离心式压缩机的原理

离心式压缩机是透平式压缩机中的一种。离心式压缩机的基本原理是利用高速旋转的叶轮使出口的气流达到很高流速，然后在扩压室内将高速气体的动能转化为压力能，从而使压缩机出口的气体达到较高压力。常用的离心式压缩机的吸入流量在 $14\sim5660\mathrm{m}^3/\mathrm{min}$ 范围内。根据同一台压缩机中经历的压缩级数，离心式压缩机分为单级和多级。为了提高压比，可以采用多级离心式压缩机。一台多级离心式压缩机的压缩级数最多可以达到 $6\sim8$ 级，每级压比为 $1.1\sim1.5$。

3）离心式压缩机的特点

（1）流量大。离心式压缩机是连续运转的，汽缸流通截面的面积较大，叶轮转速很高，故气体流量很大。

（2）转速高。由于离心式压缩机转子只做旋转运动，转动惯量较小，运动件与静止件保持一定的间隙，因而转速较高。一般离心式压缩机的转速为 $5000\sim20000\mathrm{r/min}$。

（3）结构紧凑。机组重量和占地面积比同一流量的往复式压缩机小得多。

（4）运行可靠。离心式压缩机运转平稳，一般可连续 $1\sim3$ 年不需停机检修，亦可不用备机。排气均匀稳定，故运转可靠，维修简单，操作费用低。

4）离心式压缩机的特性参数

在一定的转速和进口条件下表示压力比（$p_0/p_i$）与流量（$Q$），效率与流量的关系曲线称为压缩机的特性曲线（或性能曲线）。曲线上某一点即为压缩机的某一运行工作状态，所以该特性曲线也是压缩机的变工况性能曲线。这种曲线表达了压缩机的工作特性，使用非常方便。由于设计时只能确定一个工况点的流量、压力比和效率，非设计工况下压缩机内的流动更为复杂，损失有所增加，尚不能准确地计算出非设计流量下的压力比和效率，故压缩机的特性曲线只有通过实验得出，如图 3-2-8 所示。

5）喘振工况

离心压缩机的性能曲线不能达到流量为零的点。当流量减小到某一值（称为最小流量 $Q_{\min}$）时，离心压缩机就不能稳定工作，产生强烈振动及噪声，这种不稳定工况称为"喘振工况"，这一流量极限 $Q_{\min}$ 称为"喘振流量"。压缩机性能曲线的左端只能到 $Q_{\min}$，流量不能再减小了。

喘振发生的原因：通常压缩机是与管网联合工作的，当压缩机出口压力突然下降时，管网中的压力反而可能大于压缩机的出口压力，于是气流就由管网往压缩机中倒流，直到管网

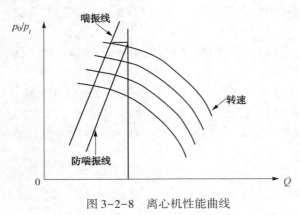

图 3-2-8　离心机性能曲线

中压力降到低于压缩机出口压力为止。压缩机又恢复工作，以较大的排量向管网供气，管网中压力也随之提高，与此同时，流量又减小，又重复上述倒流的现象。如此周而复始，在整个压缩机—管网系统中产生周期性的低频高振幅压力脉动。其频率和振幅的大小，和管网的气体储量有关，储量越大，则频率越低，振幅越大。这种压力脉动会引起严重的噪声，并使机组发生强烈振动。这种现象叫做"喘振"。

由于喘振的危害性很大，压缩机在运行中应严格防止发生喘振，防止喘振的措施如下：

（1）压缩机应备有标明喘振界限的性能曲线。为安全考虑，应在喘振线的流量大出5%～10%的位置上加一条防喘振警戒线，以提起操作者的注意。最好设置测量与显示系统，用屏幕显示工况点的位置，工况点接近喘振线时要严加注意。

（2）在压缩机入口安装流量、温度监测仪表，出口安装压力监测仪表，该监测系统与报警、调节和停机联锁，一旦进入喘振能自动报警、调节和停机。

（3）通过降低压缩机转速，使流量减少而不至于发生喘振。

（4）在压缩机出入口设置返回管线，此方法使压缩机出口流量部分返回入口，增加压缩机入口流量，机组消耗功率但不发生喘振。

（5）操作者应了解压缩机的性能曲线，熟悉各监测系统和控制调节系统的管理和操作，尽量使压缩机不进入喘振状态。

6）压气站的变工况运行

输气管道和压气站的额定工况是以年输气任务为依据设置的，实际上输气管的参数（流量、压力）随时间在不断变化，引起这些变化的原因是多方面的，归纳起来有两种：一种是有规律且可预见的，如用户用气量的波动、四季气温的变化引起天然气输送温度的改变，气源的不同引起气体组分变化以及输气系统设备定期整修等；另一种是突发性的不可预见的，如脱硫厂发生事故停产、输气管爆破、主要用户事故停产等。以上情况发生时，都要求压气站立即做出反应，改变运行工况，以保证输气系统在新的工况下稳定运转。另外，压气站本身机器设备的故障也要改变其运行工况。

（1）用户用气量的变化引起压气站运行工况的改变。用户用气量的变化分为时不均衡、日不均衡和季节不均衡3种情况，时不均衡是用气量在一昼夜内各小时的用气波动，日不均匀是一周内各天的用气波动，这两种波动并不改变每日的输气量，只会引起输气管道终端的压力变化，则不必改变压气站的运行工况。季节的不均衡是由于季节的变化引起日用气的变化，它要求输气量有增减。此时，管道特性曲线没变，但由于气量改变，管道和压气站联合工作的交点移动了，要求压气站在新的交点工作。

由于这种运行工况的变化是有规律可预见的，在压气站设计时就应考虑到，因此调节时，尽量用改变流程的方法来解决较为经济。

（2）输气温度引起的压气站工况变化。输气温度的改变是由于地温和气温的改变引起压气站冷却装置出口的天然气温度变化所致，这种变化在夏季气温较高且使用空冷的情况下更为明显，如果此时要保持输气管的输气能力不变，则输气管的阻力就要增加或减小，输气管的特性曲线发生了改变，这就要求压气站改变运行工况。

（3）天然气组分变化所引起的工况变化。组分的变化对输气管特性和压气站的压缩机特性曲线都会有影响。

（4）某站停运时其他各站的运行工况。在事故情况下，或在用气低谷期间可能停掉某个压气站，此时输气量减少，全系统的运行工况都发生变化，没有停运的压气站运行工况也随之改变。

7）压气站的调节

变工况运行必须通过对压缩机的调节来实现，调节方法则取决于压气站的流程和机组的性能。

（1）变转速调节。离心式压缩机在不同的转速下有不同的特性曲线，当管道特性曲线不变而流量和压力发生变化时，可改变压缩机转速以满足新工况的要求。和往复式压缩机一样，转速调节是较为经济的，除机组效率有所降低外，不带来其他方面的能量损失，在转速调节幅度不大时效率改变很小。

这种调节方法只适用于原动机是可调速的，如燃气轮机、蒸汽轮机等，对交流电动机驱动的离心式压缩机则调速较为困难。对大中型长输管道的压气站而言，普遍选用燃气轮机作动力，这也是考虑的主要因素之一。

（2）改变压缩机进口阀门开度的节流调节。这是一种增加吸气管阻力的调节方法，在转速不变的情况下，离心式压缩机的体积流量和压缩比不变，但由于吸入压力降低，压缩机的质量流量和排气压力将与吸入压力成比例减少，离心式压缩机的排气压力和质量流量的关系将在连接工作点 A 和原站的直线上移动。

这种调节方法比排气管节流调节操作稳定，范围更广，也较省功。以交流电动机为原动机时经常使用这种方法。

（3）可转进口导叶调节。在压缩机叶轮前装设绕叶片自身轴线旋转的吸入气流导向叶片，转动这些叶片可转变进入叶轮的气流对叶轮叶片的速度，使气流顺叶轮转向或逆叶轮转向旋转，这样就可在压缩机转速不变的条件下改变压缩机产生能量头，正旋绕使能量头减小，压比降低。逆旋绕使能量头增加，压比加大。进口导叶一般作为流线型以减小气流与叶片的摩擦阻力。这是一种仅次于转速调节的节能调节方式。

（4）循环管线调节。利用离心式压气站装设的站内循环管线，在管道气量减小时，可使部分气体在站内循环，这是离心式压缩机经常使用的临时性调节方法，因为它非常简单易行，在自动化程度高的压气站还可以根据确定的参数自动打开循环阀，也是一种机组的保护措施，可防止喘振的发生。

8）离心式压缩机的驱动方式

用来驱动离心式压缩机的原动机主要有电动机、柴油机、燃气轮机、蒸汽轮机等动力机械。用于输气管线增压的离心压缩机采用燃气轮机作为驱动是比较合适的匹配方式。蒸汽轮机一般在蒸汽比较充裕的化工厂中使用。

（1）单轴简单循环燃气轮机。

燃气轮机有诸多优点，如结构简单、启动快、维护简便、对压气站站址要求不严、容易遥控且宜于直接驱动高速负荷,因而成为天然气输送过程中离心式压缩机驱动的理想选择。驱动离心式压缩机的燃气轮机常采用分轴、开式循环的燃气轮机,它在工作中从环境吸入空气,而废气则排入大气中。

单轴简单循环燃气轮机主要由压气机、燃烧室和透平三大部分组成。压气机是利用机械动力使空气的压力增加并伴有温度升高的功能部件;燃烧室是使燃料与空气发生反应,以提高燃气温度和功能部件;透平是利用燃气的膨胀产生机械动力的功能部件。

燃气轮机的主要功能是将燃料释放的化学能转化成热能,再实现预定的热功转换。燃气轮机是一种热机,遵循热机动力循环的一般规律(升压是前提,加热是手段,做功是目的,放热是基础)。在燃气轮机工作过程中,工质完成了由升压、加热、膨胀做功、放热等几个过程所组成的热力循环。

在燃气轮机正常工作时,压气机从外界大气中吸入空气,空气被压缩到一定的压力,同时温度也随之升高,然后将压缩的空气送到燃烧室中与喷入的燃料混合,并燃烧成高温、高压气体。这股高温高压气体具有做功的能力。当它流经透平时,就会膨胀做功,推动透平做旋转运动,在透平中经过膨胀做功后的气体温度和压力都降低了。该气体可以直接被排入大气中,也可以被引入废热锅炉进行余热回收,然后再排入大气。高速旋转运动的压气机通常是由透平轴直接带动,燃气在透平中所做的机械功大约有2/3左右被用来带动压气机,消耗在空气的压缩耗功上,而所剩的那部分功,则通过机组的输出轴,去带动外界负荷。

燃气轮机的热力性能指标主要是燃气轮机的有效功率 $N_e$ 和机组的热效率 $\eta_e$。有效功率 $N_e$(或称轴端功率)由总机械功率扣除机械损失后得到:

$$N_e = Gw\eta_m \qquad (3-2-14)$$

其中

$$w = \frac{w_e}{\eta_m}$$

式中　　$G$ ——空气流量,kg/s;

　　　　$w$ ——相应于 1kg 空气的实际循环比功,kJ/kg;

　　　　$w_e$ ——相应于 1kg 空气的实际循环有效比功,kJ/kg;

　　　　$\eta_m$ ——机械效率(一般为 0.99)。

机组热效率 $\eta_e$ 是对外输出功率(轴端功率)与加入的热量之比:

$$\eta_e = \frac{N_e}{G_f H_u} \qquad (3-2-15)$$

式中　　$G_f$ ——燃料的流率,kg/s;

　　　　$H_u$ ——燃料的低热值,kJ/kg。

另外,机组的热耗率 $q_e$[单位,kJ/(kW·h)],是指输出 1 kW·h 的有效功所消耗燃料的热量,其定义以及与燃气轮机机组热效率的关系为:

$$q_e = \frac{3600 G_f H_u}{N_e} = \frac{3600}{\eta_e} \qquad (3-2-16)$$

显然,热耗率越低,机组热效率越高;反之,机组热效率越低。

(2)分轴燃气轮机。

在输气管线上为适应管道输气量的变化,压缩机变速运行是最经济的调节方式,其转速变化范围为 $(0.5 \sim 1.5)n_0$($n_0$ 为设计工况下的最佳转速),即燃气轮机输出转速也应在

$(0.5 \sim 1.5)n_0$ 范围内变化，这时采用独立动力透平输出功率的分轴燃气轮机比较适宜。从热力循环的角度来看，分轴燃气轮机仍是简单循环，其性能指标和工作原理与单轴简单循环燃气轮机相同。分轴燃气轮机高压透平带动压气机，另一个低压透平又称动力透平，它带动负荷输出功率。压气机和带动它的高压透平以高压端对高压端的方式联在一起，组成一个燃气发生器。

（3）蒸汽轮机。

蒸汽轮机是一种将蒸汽的热能转变成转子的旋转机械能的原动机。它有许多优点，诸如运行不受供电影响、容易实现生产工艺中蒸汽利用的经济匹配、动力输出变化范围大而不需要专门的变速装置、容易适应负荷功率的变化以及蒸汽参数的变化，且控制系统无需设置防爆或防火花机构等，因而在石油化工行业中作为原动机得到普遍使用。它与压缩机一起构成了各种蒸汽透平压缩机组，在石油化工生产中起着重要作用。

蒸汽动力循环系统按照热力循环特性划分，有凝汽式蒸汽轮机、背压式蒸汽轮机以及抽汽式蒸汽轮机等。最常用是凝汽式蒸汽轮机。蒸汽轮机以水蒸气为工质，通过蒸汽轮机动力循环实现蒸汽热能向机械能的转换。蒸汽发生器（一般为锅炉）的作用是产生具有一定压力和温度的水蒸气。蒸汽轮机利用水蒸气的膨胀作用产生旋转机械功来带动负荷。凝汽器的作用是将做完功的水蒸气进行冷凝，冷凝后的水重新循环利用。给水泵起到给水增压输送作用。

蒸汽轮机的本体由固定部分和转动部分组成。固定部分主要包括静叶、隔板、汽封、气缸和轴承等部件；转动部分主要包括动叶、叶轮、主轴和联轴器等部件。由一列静叶和一列动叶构成汽轮机的一个级，是蒸汽轮机的一个做功单元。从结构上看，蒸汽轮机可以是单级的，也可以是多级的，分别称为单级蒸汽轮机和多级蒸汽轮机。

有效功率 $N_e$ 和有热效率 $\eta_e$ 是衡量蒸汽轮机工作性能的主要指标。有效功率 $N_e$（或称轴端功率），由总机械功率扣除机械损失后得到：

$$N_e = (G\Delta h)\eta_m \tag{3-2-17}$$

式中　$G$ ——通过蒸汽轮机的工作蒸汽流量，$kg/s$；

$\Delta h$ ——蒸汽轮机的有效焓降；

$\eta_m$ ——机械效率（一般为 $0.97 \sim 0.99$）。

有效热效率 $\eta_e$ 是轴端功率与工质在蒸汽发生器中所吸收的热量的比值：

$$\eta_e = N_e / G(h_3 - h_2) \tag{3-2-18}$$

式中　$h_3 - h_2$ ——单位质量的水在锅炉内吸收的热量，$kJ/kg$。

另外，还使用汽耗率和热耗率的概念来表示蒸汽轮机的性能。汽耗率（$d$）是指每生产 $1kW \cdot h$ 的有效功所消耗的蒸汽量，热耗率 $q$ 是指每生产 $1kW \cdot h$ 的有效功所消耗的热量。

$$d = \frac{3600}{\Delta h \eta_m} \tag{3-2-19}$$

$$q = d(h_3 - h_2) \tag{3-2-20}$$

3. 往复活塞式压缩机的结构特点及驱动方式

1）往复活塞式压缩机的优缺点

往复活塞式压缩机与其他类型的压缩机相比，具有以下特点：

（1）适应压力范围广。当排气压力波动时排气量比较稳定，因此可工作在低压、中压、高压到超高压范围内。

（2）压缩效率较高。一般的往复活塞式压缩机的气体压缩过程属封闭系统，其压缩效率较高，大型的往复活塞式压缩机的绝热效率可达到80%以上。

（3）适应性强。往复活塞式压缩机排气量范围较广，特别是当排气量较小时，做成离心式压缩机难度较大，而往复活塞式压缩机完全可以适应。

（4）对制造压缩机的金属材料要求不严苛。

但是，这种压缩机也有其缺点：

（1）排出气体带油污，特别对气体要求质量较高时，排出的气体需要净化。

（2）排气不连续，气体压力有脉动，严重时往往因气流脉动共振，造成机件等的损坏。

（3）转速不宜过高。

（4）外形尺寸及基座较大。

（5）结构复杂、易损件多，维修工作量较大。

2）往复活塞式压缩机的基本结构及工作原理

一台完整的往复活塞式压缩机包括两大部分：主机和辅机。主机有运动机构、工作机构和机身。辅机包括润滑系统、冷却系统和气路系统。

运动机构是一种曲柄连杆机构，它把曲轴的旋转运动转换为十字头的往复直线运动，主要由曲轴、轴承、连杆、十字头、皮带轮或联轴器组成。

机身是压缩机外壳，用来支撑和安装整个运动机构和工作机构，又兼作润滑油箱用。曲轴依靠轴承支撑在机身上，机身上的2个滑道又支撑着十字头，2个气缸分别位于机身两侧。

工作机构是实现压缩机工作原理的主要部件，主要由气缸、活塞、气阀等构成。气缸呈圆筒形，两端都装有若干吸气阀与排气阀，活塞在气缸中间做往复运动。当所要求的排气压力较高时，可采用多级压缩的方法，在多级气缸中将气体分两次或多次压缩升压。活塞在气缸内的往复运动与气阀相应的开、闭动作相配合，使缸内的气体一次实现膨胀、吸气、压缩、排气4个过程，不断循环，将低压气体升压而源源输出。

3）往复活塞式压缩机的特性参数

（1）转速 $n$。排气量随着转速的提高而增大。对于已经使用的机器，适当提高转速，可使生产能力增大；对于新设计的机器，转速取得高，可减少机器体积、减少机器质量。转速越高，相同功率的电动机越小，并有可能与压缩机直联，占地面积小，总的经济性好。但是转速提高也带来许多不利因素。当转速增大时，往复惯性力增加。若最大惯性力大于最大活塞力，则运动机构的设计将以空车运行时的最大惯性力为依据，运动部件的利用程度差。对于平衡不够好的压缩机，高转速会使不平衡的惯性力和力矩增加，从而加剧了机器和基础的振动。转速高，降低了易损件的寿命。此外，转速增高，气流在气阀中的速度增大，阻力损失增加，压缩机效率降低。

（2）行程 $s$。选择行程时，应考虑三方面的因素：一是，排气量的大小，排气量大，行程可取长些；反之，取短些。二是，机器的结构类型，对于立式、"V"形、"W"形、扇形等结构，活塞行程不易取得太长，否则机器太高，不利于使用和维修。三是，气缸的结构主要考虑1级气缸径与行程要保持一定比例。若行程太小，则吸气和排气接管在气缸上的布置将发生困难。

（3）活塞平均速度 $C_m$

$$C_m = \frac{ns}{30} \qquad (3-2-21)$$

（4）惯性力。由力学可知，当具有一定质量的物体做加速运动时，就会产生惯性力。在往复活塞式压缩机中，由于曲柄和活塞组件的运行为加速运动，因而必须考虑惯性力对压缩机的影响。

4）往复活塞式压缩机的驱动方式

对一般往复活塞式压缩机，其驱动方式有电力驱动和热力驱动。电力驱动使用电动机，而热力驱动可以使用蒸汽轮机、燃气轮机、柴油机以及天然气发动机等。本文仅对天然气发动机做简要介绍。天然气发动机的基本原理和结构与汽油机很相似，由于所用燃料的不同，在工作原理和构造上与柴油机有着明显差别。

天然气发动机基本结构与柴油机的主要不同是在气缸外配置"混合器"，其作用是将气体燃料与空气混合，并按照一定的规律改变混合比以满足工作需要。混合气体被吸入气缸后，经压缩和点燃，混合气体在气缸内燃烧膨胀，并对外做功。

天然气发动机性能指标主要有动力性指标（功率、扭矩和转速）和经济性能指标（燃料消耗等）。每一项性能指标都可以分为两类：一是指示指标，是以气缸内工质对活塞做功为基础的指标，可评价发动机工作循环进行的好坏；二是有效指标，是以发动机功率输出轴上得到的净功率为基础的指标，能够评价整台发动机性能的好坏。

4. 节能技术

对较大规模的燃气轮机机组，目前有两类常用的节能技术措施：第一类是开展余热发电，利用燃机尾气通过余热锅炉产生高温蒸汽，通过蒸汽轮机发电机组发电，提高燃机整体的能源利用效率；第二类是加装余热锅炉，利用从燃气轮机排出的高温烟气热量对水进行加热，对站内生产及生活设施进行伴热，减少站场能量消耗。

燃气轮机铭牌效率仅为38%~44%，大部分能量以热能的形式散发，燃气压缩机排烟温度较高（高达420~500℃），能源浪费严重，可以利用燃气轮机的烟气余热进行发电，供附近地方电网使用，有不错的经济效益。以西部管道公司霍尔果斯压气站燃驱压缩机余热发电项目为例，节电 $0.66 \times 10^8 kW \cdot h/a$，节约能量8111t（标准煤）/a，经济效益1980万元/a，减排 $CO_2$ 56760t。

燃气轮机安装余热换热系统，余热换热系统主要由余热锅炉和换热器组成，余热锅炉利用燃气轮机排出的高温烟气加热水，除提供站场生活需要外，还通过换热器将热水与燃料气橇进口天然气换热，加热燃料气，减少站场运行能耗。

## 三、加热炉和锅炉技术特性及节能技术

目前，长输管道系统所用热设备以加热炉和锅炉为主，其作用主要是为管线所输原油加热及站内管线、罐区伴热，其方式有直接加热和间接加热两种。直接加热是原油直接经过加热炉吸收燃料燃烧放出的热量；间接加热是原油通过中间介质（导热油、饱和水蒸气或饱和水）在换热器中吸收热量，达到升温的目的。直接加热所用的加热设备是直接加热炉，而间接加热所用的加热设备是间接加热炉（热媒炉）或锅炉。

1. 加热炉和锅炉工作原理

1）加热炉工作原理

加热炉是将燃料燃烧产生的热量传给被加热介质（原油、热媒等）而使其温度升高的加热设备。加热炉又分为直接式和间接式。间接式加热炉（热媒炉）是将燃料燃烧产生的热量传给热媒，并通过热媒/原油、水交换系统将热量传给最终需要加热的介质（原油、水等）。

液体（气体）燃料在加热炉辐射室中燃烧，产生高温烟气并以它作为热载体，流向对流室，从烟囱排出。待加热的介质首先进入加热炉对流室炉管，炉管主要以对流方式从流过对流室的烟气中获得热量，这些热量又以传热方式由炉管外表面传导到炉管内表面，同时又以对流方式传递给管内流动的介质。

介质由对流室炉管进入辐射室炉管，在辐射室内，燃烧器喷出的火焰主要以辐射方式将热量的一部分辐射到炉管外表面，另一部分辐射到敷设炉管的炉墙上，炉墙再次以辐射方式将热辐射到背火面一侧的炉管外表面上。这两部分辐射热共同作用，使炉管外表面升温并与管壁内表面形成了温差，热以传导方式流向管内壁，管内流动的介质又以对流方式不断从管内壁获得热量，实现了加热介质的工艺要求。

加热炉加热能力的大小取决于火焰的强弱程度、炉管表面积和总传热系数的大小，火焰越强，则炉膛温度越高，炉膛与介质之间的温差越大，传热量越大；火焰与烟气接触的炉管面积越大，则传热量越多；炉管的导热性能越好，炉膛结构越合理，传热量也越多。

火焰的强弱可用控制火嘴的方法调节。但对一定结构的炉子来说，在正常操作条件下炉膛温度达到某一值后就不再上升。炉管表面的总传热系数对一台炉子来说是一定的，所以每台炉子的加热能力有一定的范围。在实际使用中，火焰燃烧不好和炉管结焦等都会影响加热炉的加热能力，所以要注意控制燃烧器使之完全燃烧，并要防止局部炉管温度过高而结焦。

2）锅炉工作原理

输油管道所用的锅炉基本上都是燃油锅炉（目前随着天然气市场的发展，部分站场采用了天然气替代原油），主要用于原油的间接加热、站内管线及油罐保温、生活取暖等。产生的是饱和水或饱和水蒸气。因此，下面以燃油（燃气）锅炉为例介绍蒸汽锅炉的工作过程。

蒸汽锅炉的工作过程可分为燃料燃烧及传热和锅水受热汽化两大过程。

（1）燃料的燃烧过程。

燃料的燃烧就是燃料中可燃物与空气中的氧进行剧烈的化学反应，同时放出大量热能的过程。燃料的燃烧主要是由燃烧设备来完成的。不同种类的燃料有不同的燃烧方式，不同的燃烧方式使用的燃烧设备也不相同。目前，中国石油管道公司经过改造多数设备的燃烧器为油、气两用燃烧器，具有自动化程度高，运行操作简单、运行效率高等优点。

燃油锅炉总是先对燃油进行加热、加压，经喷油嘴送入炉内，形成很细的雾状油滴，这个过程称为雾化。雾化后的油滴在炉膛内受到辐射热的加热开始蒸发、与空气混合、达到着火条件后被点燃，开始燃烧。为了保证燃油的充分燃烧，必须具备良好的雾化质量、足够的燃油温度、充分的空气量和足够大小的燃烧空间等条件。

（2）传热过程及水的汽化和循环过程。

传热过程是指燃料燃烧产生的热量，通过锅炉的受热面传递给锅炉内的水的过程。这个过程直接影响锅炉的安全性和经济性。

锅炉运行时，水和汽水混合物在闭合的回路中持续而有规律地循环流动，这种循环是靠锅炉各部分受热面吸收的热量不相等使锅水产生了重度差形成的，是一种自然循环。在自然循环过程中，水吸热后首先变成饱和水，继续加热开始汽化，变成饱和蒸汽，饱和蒸汽进入过热器后继续加热就成为过热蒸汽。

2. 加热炉和锅炉主要技术参数

1) 热效率

热效率是加热设备输出有效热量与供给热量之比的百分数。是热量被有效利用程度的一个重要参数。其计算公式为：

$$\eta = \frac{Q_e}{Q_0} = \frac{Q_0 - Q_n}{Q_0} = 1 - \frac{Q_n}{Q_0} \qquad (3-2-22)$$

式中 $Q_e$——每小时加热炉有效利用的热量，kW；

$Q_0$——每小时供给加热炉的热量，kW；

$Q_n$——每小时加热炉损失的热量，kW。

2) 热负荷及负荷率

热负荷分为额定热负荷和实际热负荷，额定热负荷是指加热设备设计热负荷(铭牌标注热负荷)，实际热负荷是指加热设备运行时每小时供给的热负荷(热量)。

负荷率是指加热设备供给热负荷(热量)与额定热负荷的百分比，其计算公式为：

$$\eta_{fh} = \frac{Q_0}{Q_{ed}} \qquad (3-2-23)$$

式中 $\eta_{fh}$——负荷率，%；

$Q_{ed}$——额定热负荷，kW。

3) 炉膛温度

炉膛温度是指烟气离开辐射室进入对流室时的温度，炉膛温度高，有利于燃料的充分燃烧，但过高时，又有可能导致辐射管局部过热结焦。加热炉炉膛温度一般控制在600~750℃。

4) 排烟温度

排烟温度是指烟气离开加热设备最后一组对流管，进入烟囱时的温度。降低排烟温度，可以减少加热设备热损失，提高热效率，从而节约燃料，降低运行成本。但排烟温度又不宜选择太低，否则会使受热面金属耗量增大，甚至产生烟气低温腐蚀，影响加热设备使用寿命。

5) 热损失

从加热炉和锅炉的热平衡测试计算中可以得知，加热炉和锅炉的热效率还可以表示成：

$$\eta = 1 - (q_2 + q_3 + q_4 + q_5) \qquad (3-2-24)$$

式中 $q_2$——加热设备的排烟热损失，%；

$q_3$——加热设备的气体不完全燃烧热损失，%；

$q_4$——加热设备的固体不完全燃烧热损失，%；

$q_5$——加热设备的散热损失，%。

(1) 排烟热损失 $Q_2$。是烟气离开加热设备的最后受热面时所带走的物理热损失，称为排烟热损失。排烟热损失的大小与排烟温度和排烟量有关，排烟温度越高，排烟热损失就越大，但排烟温度也不能太低，否则容易引起尾部受热面局部发生低温腐蚀，并造成严重堵灰。排烟量的大小在一定的负荷下与加热设备内过量空气系数、各段烟道的漏风量和燃料的成分（主要是燃料含有的水分）有关，并随着这些量的增高而增大。排烟热损失是炉子各项热损失中最大的一项。

（2）气体不完全燃烧热损失 $Q_3$。是指烟气中所含少量 CO，H 和 $CH_4$ 等可燃气体最终未能完全燃烧而造成的热损失。其值主要取决于炉膛结构、过量空气系数的大小以及运行操作水平等因素。炉膛不够高或体积太小，促使烟气行程太短，烟气中一些可燃气体来不及燃尽而离开炉膛，会使 $Q_3$ 增大。过量空气系数太小，将使空气与燃料混合不良，容易产生 CO 等可燃气体；如过大，又会降低炉膛温度，亦将导致 $Q_3$ 增大。

（3）固体不完全燃烧热损失 $Q_4$。是由于固体可燃物在炉内燃烧不完全或根本未参与燃烧而造成的热损失。它与燃料性质、燃烧方式、炉膛结构及运行工况等因素有关。

（4）散热损失 $Q_5$。是由于炉子运行时，其炉墙、钢架、管道和其他附件的表面温度均较周围空气温度高，造成了向空气散失热量的损失。它和炉子本体外表面积的大小、炉管和炉墙的结构、保温材料的性能和厚度以及周围空气温度的高低有关。

3. 加热炉和锅炉节能技术

针对上述热损失类型，采取相应措施减少各种热损失，提高加热设备热效率，具体措施如下：

（1）降低排烟温度及其措施。

从热效率测试计算公式中可以看出，影响加热设备热效率高低的主要是 4 项热损失，即排烟热损失、炉墙表面散热损失、气体不完全燃烧热损失和固体不完全燃烧热损失，其中后两项所占比例很小，因而影响加热设备热效率的关键因素是排烟热损失和炉墙散热损失，加热设备各种节能技术几乎都是为了达到减少此两项热损失的目的而进行的。

降低排烟温度可以明显地提高加热炉的热效率，当过剩空气系数 $\alpha = 1.2$ 时，排烟温度每降低 20℃，可以提高热效率 1%，因而在加热炉改造中应尽可能降低排烟温度。

但是，烟气温度不能无限制地降低，选择最佳排烟温度必须考虑到：第一，它必须比被加热物料温度高出 40~80℃，才能进行有效的热交换；输油管道加热炉的原油进炉温度一般在 35~40℃，所以从工艺上可以较大幅度地降低排烟温度。第二，排烟温度必须高于露点温度。我国原油温度一般含硫 1% 以下，露点温度在 140℃ 以下。选择最低排烟温度在 160~170℃ 较为合适，此时的排烟热损失约 7.5%（$\alpha = 1.2$ 时），美国 API 标准推荐最低排烟温度 350℉（176℃）。

降低排烟温度可以采取的措施：

① 增加对流段的传热面积，更多地吸收烟气中的热量；

② 在加热炉尾部设置空气预热器；

③ 增设其他余热回收装置，如烟气/水换热器、烟气/热媒换热器及烟气/原油换热器及烟气/空气预热器等；

④ 利用热管技术回收余热；

⑤ 定时吹灰，减少热阻，降低排烟温度。

（2）提高燃烧效率，减少不完全燃烧热损失。

燃烧效率亦称燃烧室效率，是一定量的燃料在燃烧室（或炉膛）内燃烧时，实际可用来加热燃烧产物的热量，与该燃料在绝热条件下实现完全燃烧时所释放出来的低位发热量之比。它是评价各种燃烧室(或炉膛)运行经济性的主要指标。燃料在燃烧室内燃烧时，由于实际上或多或少地存在着气体不完全燃烧热损失，使燃料的低位发热量未能全部释放出来，而燃烧室(或炉膛)壳体的对外散热损失又使得已释放出的热量不可能全部用来加热燃烧产物，从而导致燃烧效率总是低于1。燃烧效率值取决于燃料品质、燃烧室(炉膛)结构、燃烧方法、选用过量空气系数的大小以及燃料与空气的混合程度等因素。在其他条件均相同的情况下，燃烧效率越高，燃烧室(炉膛)的温度也越高，燃烧也就越迅速、完全。提高燃烧效率的措施有：

① 采用微正压燃烧方式。燃料的燃烧可以在负压条件下燃烧，也可以在微正压条件下燃烧。负压燃烧时，外界空气就会漏入炉内，影响燃烧，同时又增加了过量空气系数和排烟热损失。当采用微正压燃烧时，能强化燃烧，提高炉膛热强度，缩小炉子体积，同时也消除了漏风，降低排烟热损失。在这种燃烧方式下，还具有不用引风机等设备的优点。但是，需要保证其构造的气密性。

② 选用适当的过量空气系数。过量空气系数亦称过剩空气系数，过剩空气系数的值可用气体分析仪进行测算。在各种炉子或燃烧室中，为使燃料尽可能燃烧完全，实际供给的空气量总要大于理论空气量，即过量空气系数必须大于1。合理的过剩空气系数是实现完全燃烧，提高设备效率的保障。大量燃烧理论与运行经验表明，过量空气系数 $\alpha$ 过大或过小(表明送风量过多或过少)都对燃烧不利，都会使不完全燃烧损失和排烟热损失增大。过剩空气系数过小会增加不完全燃烧损失，而过大将造成烟气的容积相应增加，烟气流速提高，使排烟温度提高，增加排烟热损失，均造成热设备热效率降低。在采用合适的燃烧控制装置和保证燃烧稳定的条件下，应使过量空气系数具有最低值，以期得到最佳的热效率。

③ 燃烧过程自动调节。加热炉和锅炉运行中，由于负荷的变化，需要随时对运行参数进行必要的调整，以使加热炉和锅炉经济运行。但是，设备运行的优劣与操作人员的技术水平有关，很难避免由于操作不当而致使加热炉、锅炉低效运行。若采用自动控制方式，就能消除人为因素，按负荷变化实时调整锅炉在最优工况下运行。

目前，加热炉和锅炉燃烧自动控制调节装置采用了先进的变频调速技术和计算机技术，通过对加热炉和锅炉热负荷变化参数的检测(如汽包压力、炉膛负压、炉膛温度、排烟温度及烟气含氧量等)，并将检测信号传至计算机，经计算、分析和判断后，输出控制信号，通过变频器来控制加热炉和锅炉各辅助电动机的转速，改变相应的运行参数(如风量、燃料量等)，以适应热负荷的变化，使设备经济优化运行。

④ 采用自动化控制程度高的高效燃烧器。目前，中国石油管道公司多数加热设备采用威索、扎克、百得等国际先进技术燃烧器，在运行参数设置合理的状态下均能实现自动、高效运行，有效避免了人为操作的影响。但是，在测试过程中发现，有些燃烧器设计台阶不合理，没有实现无级调节，造成在负荷处于两个台阶之间时燃料不能实现完全燃烧，降低了燃烧效率，为此要求在设备投产后，由燃烧器厂家用烟气分析仪数据调节不同负荷燃烧状况，确定空气及燃料的配比参数，最终实现无级及多负荷调节，使设备在最佳状态运行，实现高效运行。

## 四、水套加热炉技术特性及节能技术

水套加热炉是油气田采油、输气中应用广泛的专用设备，具有安全可靠、品种多、配置多样、结构紧凑、功能齐全、适用范围广、自动化程度高等特点。水套加热炉是由加热炉（壳程）和热交换管（管程）两部分构成，火筒布置在壳体的下部空间；加热盘管布置在壳体的上部空间；火筒是火管和烟管的总称，在加热炉中，具有燃烧室功能，燃料燃烧产生的高温烟气通过火管以辐射方式，通过烟管以对流方式传递给中间介质——水，中间介质与加热盘管中的被加热工艺气换热，以满足被加热工艺气的负荷要求；中间介质在密闭空间内工作，正常运行状态下无须补充，避免了筒体内氧化腐蚀的产生。

1. 水套加热炉的结构

水套加热炉由火筒、烟管、前烟箱、后烟箱、筒体、膨胀水槽、防爆门、烟囱和燃烧器等组成，采用外保温结构。图 3-2-9 为本水套加热炉结构示意图。

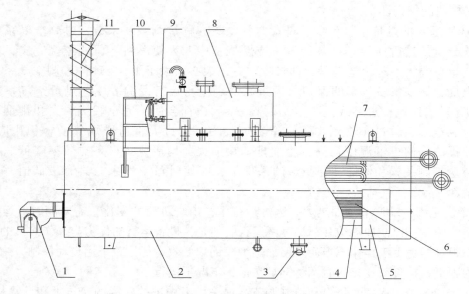

图 3-2-9　水套炉结构示意图

1—燃烧器；2—筒体；3—防爆门；4—火筒；5—后烟箱；6—烟管

7—盘管；8—膨胀水槽；9—液位计；10—梯子平台；11—烟囱

燃烧器采用气动比例调节技术，该系统主体为内置有燃气压力和流量调节的燃气阀，根据压力平衡和杠杆原理，只依靠压力信号，就能准确调节空气/燃气的配比。无论在高、低负荷下均可以获得需要的排烟氧量，保证尽可能高的燃烧率和系统热效率。

燃烧系统由燃气过滤器、燃气调压阀、燃气放散阀及管路组成，保证了燃烧器的正常燃烧及运行。

2. 水套加热炉的原理

水套炉加热原理就是天然气在火筒中燃烧后，产生的热能以辐射、对流等传热形式将热量传给水套中的水，使水的温度升高，水再将热量传递给盘管中的天然气，使天然气获得热量，温度升高。

3. 水套炉主要技术参数

水套炉在结构和原理上与直接炉、热媒炉均有所不同，但是在主要技术参数上相同，因此相关内容建议参见本节加热炉、锅炉主要技术参数内容。

4. 水套炉节能技术

水套炉在结构和原理上与直接炉、热媒炉均有所不同，但是在节能因素分析和节能措施上相同，因此相关内容建议参见本节加热炉、锅炉节能技术内容。

# 第三节 油气管道工艺与计算

## 一、油品及天然气基础知识

1. 油品基础知识

1）原油性质及分类

原油是一种油状液体矿藏，埋在地层深处。人们通过勘探和开发，将其从地层深处开采出来。这些从油田开采得到的未经加工的天然石油称为原油。原油通常是一种淡黄色、黑褐色流动或半流动的黏稠状液体，由于原油的产地或油层位置的不同，使原油的性质产生了差别。绝大多数原油的密度为 $0.8 \sim 0.98 \mathrm{g/cm^3}$，绝大多数原油都有很浓的臭味，这是由于原油中含有一些有臭味的硫化物。通常将含硫化物大于 2% 的原油称为高硫原油，低于 0.5% 的称为低硫原油，介于 0.5%~2% 的称为含硫原油。

原油是一种成分非常复杂的有机化合物的混合物，其主要成分是液态烃，从化学元素上来看，原油主要由碳、氢、硫、氮、氧 5 种元素组成。其中碳含量约占 83%~87%，氢含量约占 11%~14%，这两种元素含量在原油中一般占 96%~99.5%，此外还有硫、氮、氧元素，三者总含量约为 1%~4%。除此之外，在原油中，还发现有少量的金属元素（例铁、镍、铜、钒等）、非金属元素（例砷、氯、磷、硅等），其含量均很小。

上述元素都以化合物的形式存在于原油中。碳和氢按照一定的数量关系结合成多种不同性质的碳氢化合物。由碳和氧两种元素组成的化合物叫烃。原油主要就是由各种烃类组成的。根据烃类的结构，烃类分成饱和烃和不饱和烃，饱和烃主要包括烷烃、环烷烃、芳香烃，不饱和烃主要包括烯烃和炔烃。饱和烃性质比较稳定，不易变质；不饱和烃性质比较活泼，容易变质。原油主要由饱和烃组成，其中绝大多数是烷烃。烷烃在常温常压下，当含碳原子数小于 5 时，处于气态；当含碳原子数为 5~16 时，为液态；含碳数大于 16 时为固态，这就是我们常说的蜡，一般情况下蜡溶解在液态烃中，当温度下降到一定值时蜡才从液态中析出。

原油中硫、氮、氧等元素和碳、氢元素形成的含硫、含氮、含氧化合物，统称为非烃类化合物，硫、氮、氧这些元素在原油中的含量不高，一般为 1%~3%，它们都是以非烃化合物的形式存在于原油中，若以化合物计，其含量可达 10%~20%。

根据原油的成分，可把原油分为蜡基、沥青基和混合基三大类，含蜡量高的原油称为蜡基原油。沥青质和胶质多的称为沥青基原油，介于两者之间的称为混合基原油，不同产地的原油物理化学性质也有差别，我国目前已开采出来的大多数原油都属于蜡基原油。习惯上将含蜡量高、凝点高、黏度高的原油称为"三高"原油。

原油的组成非常复杂，对其确切的分类比较困难。原油通常可以从工业、化学、物理或地质等不同角度进行分类。按原油的相对密度分为轻质原油、中质原油、重质原油、特重质原油。按含硫量分为低硫原油、含硫原油、高硫原油。按含氮量分为低氮原油、高氮原油。按含蜡量分为低蜡原油、含蜡原油、高蜡原油。按含胶质分为低胶原油、含胶原油、多胶原油。

2）汽油性质及分类

汽油为水白色、易挥发液体。其用途主要是作为汽油汽车和汽油机的燃料。按其辛烷值划分为不同的型号，如 90#、93# 和 97# 等和根据环保要求，目前修改为 92#（国Ⅳ车用汽油和调和油）和 95# 等。

汽油有良好的蒸发性，以保证发动机在冬季易于启动，在夏季不宜产生气阻，并能较完全燃烧。足够的抗爆性：以保证发动机运转正常，不发生爆震，功率得到充分发挥。一定的化学安定性：要求诱导期要长，实际胶质要少，以保证在长期储存时不会发生明显的生成胶质和酸性物质以及辛烷值降低和颜色变深等质量变化。较好的抗腐性：要求腐蚀试验不超过规定值，保证汽油在储存和使用中不腐蚀储油容器和机器部件。

3）柴油性质及分类

柴油主要分为：轻柴油、重柴油和军用柴油 3 大类。轻柴油为淡黄色液体，其主要由 $C_{15}$—$C_{24}$ 的烃类组成。按其凝点分为：10 号、0 号、-10 号、-20 号、-30 号和-50 号等牌号。主要作为转速不低于 960r/min 的压燃式高速柴油发动机的燃料。重柴油主要作为中、低速压燃式柴油发动机的燃料。按其黏度分为 10 号、20 号和 30 号等牌号。军用柴油主要用作坦克、装甲车、舰艇等高速柴油发动机的燃料。

4）油品的理化性质

油品的理化性质是评定油品质量，控制油品输送的重要指标，也是输油管道和站库设计的重要依据。为了做好油品的输送、储存等工作，必须研究油品各种理化性质的意义、影响因素和表示方法等问题。

（1）密度。我们把物体单位体积内所具有的质量称为密度，单位为 $kg/m^3$ 或 $g/cm^3$，用符号 $\rho$ 表示。密度是衡量油品的质量指标之一。油品随着温度升高而体积增大，密度减小。但温度不变，压力升高时，油品的密度变化却很小。

（2）黏度。黏度是评价原油（油品）流动性能的指标。在油品输送过程中，黏度对流量和摩阻损失的影响很大，黏度的大小直接影响管道输送时所需的动力，是输油管道和站库设计的重要物性参数之一。

黏度是表示液体流动时分子间摩擦而产生阻力的大小。阻力越大，流动就越困难，说明液体就越黏。黏度的大小常用动力黏度、运动黏度或相对黏度来表示。

（3）比热容。将 1kg 的物质温度升高 1℃ 时所需热量，称为该物质的比热容，用符号 $c$

表示。原油的比热容一般取 2.0~2.1kJ/(kg·℃)。由比热容的定义可知，比热容越大的物质，在相同质量下，升高同样温度时，所需要的热量越多。

（4）热导率（导热系数）。原油或成品油传导热量的能力可用导热系数 λ 来表示。λ 表示在单位时间内，当原油或成品油沿热流方向流动，使导热体两侧的温差变化为1℃时，通过单位长度所传导的热量。单位是 W/(m·K)。

（5）蜡熔点、析蜡点、凝点。蜡熔点：蜡从固态变为液态时的温度称为蜡熔点。

析蜡点：原油在静止状态下，开始析出固体蜡的温度称为该原油的析蜡点。

凝点：原油丧失流动性时的最低温度，称为原油的凝点。

（6）闪点、燃点、自燃点、爆炸极限及油品蒸气压。闪点：在标准条件下加热油品，油品蒸发出的蒸气与周围空气形成混合物，当油气浓度达到一定量时，以火焰接近，能自行闪火并立即熄灭的最低温度，称为该油品的闪点。

燃点：油品在规定的条件下加热到一定温度，当火焰接近时即发生燃烧，且着火时间小于5s 的最低温度，称为该油品的燃点。

自燃点：外界无火焰，油品在空气中自行开始燃烧的最低温度，称为该油品的自燃点。

爆炸极限：当石油蒸气或可燃气体与空气混合，达到一定的浓度时，一旦接触火源，这种混合气体就剧烈燃烧，发生爆炸。混合气能产生爆炸时，油品蒸气或可燃气在混合气中的最低比例称为爆炸下限。其最高比例称为爆炸上限。爆炸上限和爆炸下限间的浓度范围称为该石油蒸气或可燃气体的爆炸极限。

油品蒸气压：在一定温度下，液体同它液面上的蒸气呈平衡状态时蒸气所产生的压力称为该液体的饱和蒸气压，简称蒸气压。蒸气压的高低表明了液体中分子汽化或蒸发的能力。蒸气压越高，说明该液体的蒸发能力越强，越容易汽化。在储运油品的过程中，经常利用蒸气压这一数据来计算油品的蒸发损耗。蒸气压的大小反映了原油的汽化能力，过大的蒸气压将影响离心泵的吸入能力和机械密封的使用寿命。

### 2. 天然气基础知识

天然气系指从地层内开发生产出来的、可燃的烃和非烃混合气体。这种气体有的基本上是以气态形式从气井中开采出来的，称为气田气；有的是随液体石油一起从油井中开采出来的，称为油田伴生气。习惯上把这两类气体都称为天然气。天然气的主要成分是甲烷及少量的乙烷、丙烷、丁烷等。天然气中有的还含有少量的硫化氢、二氧化碳、氮、氦等。天然气的热值很高（平均达 33MJ/m³），不含灰分，容易燃烧完全，不污染环境，运输方便，价格低廉，是理想的工业和民用燃料。由于天然气的密度小、体积大，因此管道几乎成为其唯一的输送方式。

### 1）天然气的组成

天然气是由低分子饱和烃为主的烃类气体与少量的非烃类气体组成的混合气体，是一种低相对密度、低黏度的无色流体。

天然气是一种可燃气体，它与 5%~15% 的空气混合易燃，具有很高的热值。天然气的化学组成超过 100 余种。在天然气的组成中，甲烷占绝大部分，乙烷、丁烷和戊烷含量不多，庚烷以上的烷烃含量极少。另外，还含有少量非烃类气体，如硫化氢、二氧化碳、一氧化碳、氮气、氢气和水蒸气以及硫醇、硫醚、二硫化碳、羰基硫、噻吩等有机硫化物，有时也含有微量的稀有气体，如氦、氩等。大多数天然气中还存在着不饱和烃，如乙烯、丙烯、丁烯，偶尔也含有极少量的环状烃化合物——环烷烃和芳香烃，如环戊烷、环己烷、苯、甲苯、二甲苯等。此外，天然气还含有水或盐水，也含有固体颗粒，有些天然气中还含有微量的汞。

2）天然气的分类

（1）按天然气的烃类组成分类。

① 干气和湿气：根据天然气中 $C_5$ 以上烃液含量的多少，用 $C_5$ 界定法划分为干气和湿气。

② 贫气和富气：根据天然气中 $C_3$ 以上烃类液体的含量多少，用 $C_3$ 界定法划分为贫气和富气。

（2）按酸气含量分类：酸性天然气和洁气。

（3）按天然气矿藏特点分类：气田气、凝析气、油田伴生气。

3）商品天然气的品质要求

我国将天然气分为 4 个等级，各级别天然气用途和质量要求不同(如民用燃料或化工厂原料)，对热值、$H_2S$ 含量、总硫含量、水和 $CO_2$ 含量有不同的要求，可参看相关现行标准。对水露点和烃露点的要求，是避免在管输过程中出现液体，形成气液两相流动。对总硫含量要求是控制气体燃烧时产生 $SO_2$ 的数量，减少对环境与人体的危害，若用做化工原料对总硫含量无严格要求。对 $H_2S$ 含量要求，是控制气体输配系统的腐蚀以及对人体危害。湿天然气中，含硫化氢小于 5.7mg/m³ 时，对金属材料无腐蚀作用；对硫化氢小于 20mg/m³ 时，对钢材无明显腐蚀。气体用做燃料时，热值是燃料的重要质量指标，但燃具一般按一定热值设计，有时需控制气体内 $C_{2+}$ 含量，以免热值过高。气体内有游离水存在时，$CO_2$ 可产生酸性溶液，加速金属腐蚀，此外还影响天然气热值。

4）天然气的物化性质

（1）密度。单位体积气体的质量称为密度。气体的体积与压力及温度有关，说明密度时必须指明它的压力和温度状态。例如空气在 $p=101325Pa$；$t=20℃$ 时，密度 $\rho=1.206kg/m^3$，在 $p=101325Pa$，$t=0℃$ 时，密度 $\rho=1.2931kg/m^3$。如果不指明压力、温度状态，通常就是指工程标准状况下（101325Pa，20℃）的参数。

（2）压缩因子。天然气是真实气体，其摩尔体积与理想气体摩尔体积之比称压缩因子 $Z$，表示真实气体 RVT 关系与理想气体的差别。

（3）天然气的黏度。气体和液体一样，在运动时都表现出一种叫做黏度或内摩擦的性质。根据牛顿内摩擦定律，流体两层之间的摩擦力 $F$ 与垂直于流体流动方向的速度梯度、接触面积成正比。温度升高，气体的无秩序热运动增强，气层之间的加速和阻滞作用随之增加，内摩擦也就增加。所以，气体的黏度随着温度的升高而加大，与液体的黏度随温度升高而降低不同。随着压力的升高，气体的性质逐渐接近于液体，温度对黏度的影响也越来越接近于液体。气体的黏度随压力增高而增高。在低压时，气体黏度随温度升高而增大，随着压力的增加，温度升高对黏度增大的影响越来越小，当压力很高时（$100×10^5Pa$ 以上），气体黏度随温度升高而降低。

（4）天然气的湿度和相对湿度。天然气在地层中与地下水接触，因此采出的天然气中有水蒸气，此混合物也称湿天然气。$1m^3$湿天然气中所含的水蒸气量称为绝对湿度，单位为 $kg/m^3$ 或 $g/m^3$。

（5）天然气的露点。使气体在一定压力下处于饱和并将析出水滴的温度称为气体在该压力下的露点。当输气温度高于露点时，管道中不会有凝析水析出；当低于露点时，有水析出。析出水与 $H_2S$ 和 $CO_2$ 作用将加剧设备内壁的腐蚀，减少管道内的流通面积，在一定压力、温度下，将形成水合物，堵塞管线。因此，天然气进入大型输气管前要深度脱水，降低露点，使露点温度低于最低管输温度 $5\sim10℃$。

在一定压力下降低温度时，天然气中的重烃组分也会凝析出来。开始有液态烃凝析的温度也称为露点。为使两者有所区别，分别称为水露点和烃露点。

（6）比热容。比热容是指单位质量物质的热容量，或者比热容是指：在不发生相变的条件下传给单位质量气体的热量与由此引起的温度变化之比。

（7）热值。标准状态下，每单位体积或单位质量的天然气完全燃烧所发出的热量称为天然气的燃烧热值。

（8）导热系数。导热系数是指在温差为 1K 时，1s 内通过面积 $1m^2$、厚度为 1m 的物料层的热量。

（9）爆炸性。天然气和空气混合，当天然气浓度在一定范围内时，遇明火就会发生燃烧和爆炸。燃烧时，燃烧波的传播速度较慢，约为 $0.3\sim2.4m/s$，而爆炸时，会迅即产生高压高温波，波速可达 $1000\sim3000m/s$，对管线和容器的破坏力很大。天然气产生爆炸的浓度（体积分数）范围为 $5\%\sim15\%$。随温度、压力升高，爆炸浓度的上限提高，爆炸范围扩大。设计和生产中应特别注意安全防爆问题。

（10）节流效应。气体在流道中经过突然缩小的断面（如管道上的针形阀、孔板等）时，会产生强烈的涡流，使压力下降，这种现象称为节流。如果在节流过程中气体与外界没有热交换，就称为绝热节流。对于真实气体，节流以后气体压力下降，通常也造成温度下降，这称为节流的正效应。当气体的节流前温度超过最大转变温度时，节流后压力的下降会造成温度上升，这称为节流的负效应。节流效应又称焦耳—汤姆逊效应。在地面天然气输送管线内的压力一般不超过 10MPa，认为节流时天然气产生温降效应。在干线输气管上，压力较低，一般为 $2.5\sim3.0℃/MPa$。

## 二、输油管道输送工艺及计算

输油管道主要由输油站和管路两部分组成，沿线设有首站、若干中间站和末站。管线起点的输油站称为首站，它的任务是接收来油，经计量、重新分配、加压、加热后，输往下站。管线终点的输油站称为末站，它的任务是接收上游管线的来油，经计量后向用油单位转输或装车、装船。管线沿途设的输油站称为中间站，它的任务是继首站之后，继续完成为油品加压、加热、分输计量等工作，保证油品顺利到达末站。

油品沿管线流动，需要消耗一定的能量（包括压力能和热能），输油站的任务就是提供油品一定的能耗，将油品保质、保量、安全、经济地输送到终点。输油管道的工艺计算要妥善解决沿线管内流体的能量消耗和能量供应这对主要矛盾，以达到安全、经济地完成输送任务的目的。

1. 等温输送工艺及计算

输送轻质成品油或低凝点原油的长输管道，沿线不需要加热，油品从首站进入管道，经过一定距离后，管内油温就会等于管道埋深处的地温，故称为等温输油管道，对此不考虑管内油流与周围介质的热交换，只需根据泵站提供的压力能与管道所需的压力能平衡的原则进行工艺计算。

1）压能损失

管道输油过程中的压能消耗主要包括两部分：一是用于克服地形高差所需的位能，对于某一管道，它是不随输量变化的固定值；二是克服油品沿管路流动过程中的摩擦及撞击产生的能量损失转换成的液柱高度，通常称为摩阻损失。这部分能量损失是随着流速及油品的物理性质等因素而变化的。即：

$$H = h + (z_2 - z_1) \qquad (3-3-1)$$

式中　$H$ ——管路消耗的压力能，m；

　　　　$h$ ——管路的摩阻损失，m；

　　　　$z_2$ ——管路终点的高程，m；

　　　　$z_1$ ——管路起点的高程，m。

长输管道的摩阻损失包括两部分：一是油流通过直管道所产生的摩阻损失 $h_1$，简称沿程摩阻；二是油流通过各种阀件、管件所产生的摩阻损失 $h_\xi$，简称局部摩阻。长输管道站间管路的摩阻损失主要是沿程摩阻，局部摩阻只占 1%~2%。而泵站的站内摩阻则主要是局部摩阻，尤其是在计算由储罐供油的吸入管路及事故保护的安全阀的泄漏管路时，局部摩阻则成为主要矛盾，必须谨慎处理。

（1）沿程摩阻损失。管路的沿程摩阻损失 $h_L$ 可按照达西公式计算

$$h_L = \lambda \frac{L}{d} \frac{v^2}{2g} \qquad (3-3-2)$$

式中　$h_L$ ——沿程摩阻损失，m；

　　　　$L$ ——管道长度，m；

　　　　$d$ ——管道内径，m；

　　　　$v$ ——流体运动的平均流速，m/s；

　　　　$g$ ——重力加速度，取 9.8m/s²；

　　　　$\lambda$ ——沿程水力摩阻系数。

水力摩阻系数 $\lambda$ 随流态的不同而不同，理论和实验都表明水力摩阻系数是雷诺数 $Re$ 和管壁当量粗糙度 $\varepsilon$ 的函数。雷诺数标志着油流中惯性力与黏滞力之比。雷诺数小时，黏滞力起主要作用；雷诺数大时，惯性损失起主要作用。

$$Re = \frac{vd\rho}{\mu} = \frac{vd}{\upsilon} \qquad (3-3-3)$$

$$\varepsilon = \frac{2e}{d} \qquad (3-3-4)$$

式中　$\rho$ ——流体密度，kg/m³；

　　　　$\mu$ ——流体动力黏度，Pa·s；

　　　　$\upsilon$ ——流体运动黏度，m²/s；

$d$ ——管子内径，m；

$v$ ——平均流速，m³/s；

$\varepsilon$ ——管壁的绝对当量粗糙度，m。

对于任何一种管内液流或气流，任何流态，都可以确定出一个雷诺数 $Re$ 值。$Re \leqslant 2000$ 时，流体在运动时呈束状和层状流动，各个质点的迹线相互平行，即认为是层流。高黏性的液体如石油、润滑油等的运动多属于层流状态。而 $Re > 2000$ 时，流体非束状和非层状流动，形成混乱，各质点的运动轨迹交错，形状复杂，则认为是紊流。河里的水流、管道中的水流都属于紊流状态。紊流状态下根据雷诺数的大小又可以划分为水力光滑区、混合摩擦区和粗糙区。

在不同的流态区，水力摩阻系数与雷诺数及管壁粗糙度的关系不同，我国目前常用的公式见表 3-3-1。

表 3-3-1　不同流态的划分及 $\lambda$ 值

| 流态 | | 划分范围 | $\lambda = f(Re, \varepsilon)$ |
|---|---|---|---|
| 层流 | | $Re < 2000$ | $\lambda = \dfrac{64}{Re}$ |
| 紊流 | 水力光滑区 | $3000 < Re < Re_1 = \dfrac{59.5}{\varepsilon^{8/7}}$ | $\dfrac{1}{\sqrt{\lambda}} = 1.81 \lg Re - 1.53$，<br>$Re < 10^5$ 时，$\lambda = 0.3164 Re^{-0.25}$ |
| | 混合摩擦区 | $\dfrac{59.5}{\varepsilon^{8/7}} < Re < Re_2 = \dfrac{665 - 765 \lg \varepsilon}{\varepsilon}$ | $\dfrac{1}{\sqrt{\lambda}} = -2 \lg \left( \dfrac{e}{3.7d} + \dfrac{2.51}{Re\sqrt{\lambda}} \right)$<br>$\lambda = 0.11 \left( \dfrac{e}{d} + \dfrac{68}{Re} \right)^{0.25}$ |
| | 粗糙区 | $Re > Re_2 = \dfrac{665 - 765 \lg \varepsilon}{\varepsilon}$ | $\lambda = \dfrac{1}{(1.74 - 2 \lg \varepsilon)^2}$ |

为了计算方便，将不同流态下沿程摩阻损失用一种形式表示，即列宾宗公式：

$$h_L = \beta \frac{Q^{2-m} v^m}{D^{5-m}} L \tag{3-3-5}$$

其中

$$\beta = \frac{8A}{4^m \pi^{2-m} g} \tag{3-3-6}$$

式中　$h_L$ ——沿程摩阻损失，m；

$Q$ ——管道的体积流量，m³/s；

$L$ ——管道长度，m；

$D$ ——管子内径，m；

$v$ ——油品运动黏滞系数，m²/s；

$m, \beta, A$ ——与流态有关的常数。

各流态区的 $m$、$\beta$ 和 $A$ 见表 3-3-2。流态在水力光滑区时（输油管道一般工作在此区）$m = 1$，$\beta = 0.0246 \text{s}^2/\text{m}$。

表 3-3-2　不同流态时的 $A$，$m$ 和 $\beta$ 值

| 流态 | | $A$ | $m$ | $\beta(\mathrm{s^2/m})$ | $h[\mathrm{m(液柱)}]$ |
|---|---|---|---|---|---|
| 层流 | | 64 | 1 | $\dfrac{128}{\pi g}=4.15$ | $h_\mathrm{L}=4.15\dfrac{Qv}{d^4}L$ |
| 紊流 | 水力光滑区 | 0.3164 | 0.25 | $\dfrac{8A}{4^m\pi^{2-m}g}=0.0246$ | $h_\mathrm{L}=0.0246\dfrac{Q^{1.75}v^{0.25}}{d^{4.75}}L$ |
| | 混合摩擦区 | $10^{0.127\lg\frac{e}{d}-0.627}$ | 0.123 | $\dfrac{8A}{4^m\pi^{2-m}g}=0.0802A$ | $h_\mathrm{L}=0.0802A\dfrac{Q^{1.877}v^{0.123}}{d^{4.877}}L$ $A=10^{0.127\lg\frac{e}{d}-0.627}$ |
| | 粗糙区 | $\lambda$ | 0 | $\dfrac{8\lambda}{\pi^2 g}=0.0826\lambda$ | $h_\mathrm{L}=0.0826\lambda\dfrac{Q^2}{d^5}L$ $\lambda=0.11\left(\dfrac{e}{d}\right)^{0.25}$ |

（2）局部摩阻损失。一般输油或输水管中，沿程摩阻损失是主要的，通常约占总损失的90%，而局部摩阻损失只占 10% 左右。其计算式为：

$$h_\zeta=\xi\frac{v^2}{2g} \qquad (3-3-7)$$

式中　$\xi$——局部摩阻损失的摩阻系数，其值由实验确定。

（3）水力坡降。沿流程单位长度上的摩阻损失水头称为水力坡降，用 $i$ 表示。

$$i=\frac{h_\mathrm{L}}{L} \qquad (3-3-8)$$

$$i=\frac{\lambda}{D}\frac{v^2}{2g} \qquad (3-3-9)$$

式中　$i$——管道的水力坡降；

　　　$h_\mathrm{L}$——管道的摩阻损失，m；

　　　$L$——管道长度，m。

2）管路和泵站工作特性与能量平衡

（1）管路工作特性。管路的工作特性是指管长、管内径和黏度等一定时，管路能量损失 $H$ 与流量 $Q$ 之间的关系。其数学关系式为：

$$H=h_\mathrm{L}+\sum h_\zeta+(z_2-z_1)=\beta\frac{Q^{2-m}v^m}{d^{5-m}}L+\sum\xi\frac{v^2}{2g}+(z_2-z_1) \qquad (3-3-10)$$

从式中可以看出管路能量损失 $H$ 等于沿程摩阻 $h_\mathrm{L}$、局部摩阻 $h_\zeta$ 和高差 $(z_2-z_1)$ 造成的能量损失之和。当管长 $L$、管内径 $d$ 和油品黏度一定时，管路的能量损失 $H$ 与输量 $Q^{2-m}$ 成正比，输量越大管路的能量损失也越大。

（2）泵站工作特性。泵站的工作特性是指泵站提供的扬程 $H$ 和排量 $Q$ 之间的相互关系。如果不考虑流态变化，采用离心泵机组输送时其数学关系式为：

$$H=A-BQ^2 \qquad (3-3-11)$$

式中，$A$ 和 $B$ 为常数。$A$ 为 $Q=0$ 时的扬程，$B$ 为泵站工作特性曲线的曲率。

从式(3-3-11)可以看出，输量越大则泵站提供的扬程越小。

（3）泵站和管路系统的能量平衡。管路和泵站是一个统一的水力系统，管路消耗能量，泵站提供能量，工作时两者是平衡的。一个站间的能量平衡关系可表示为：

$$A - BQ^2 = h_L + \sum h_\zeta + (z_2 - z_1) \tag{3-3-12}$$

如果一条输油管线上有几个泵站，则各泵站提供的扬程之和，应等于管路的摩阻损失与位差之和。

3）长距离输油管道的输送方式

这里所谓的输送方式是指从管道水力特性的角度定义的管线沿途各输油站间的连接关系。前后两站的连接关系不同，则它们的站内流程、运行设备选择、运行参数要求、管理方式、管理水平也随之变化。通常有下列3种输送方式：

（1）"罐到罐"输送方式。这种输送方式是通过油罐的输油方式，即上站来油先进入本站的油罐，再用本站的油泵从罐内将油抽出，并经过提温、加压后输往下站。此时，每个中间站往往设有两个油罐，一个接收上站来油，另一个向下站发油。在这种输油方式中，收、发油罐同时进油和发油，两个罐的大呼吸损耗始终存在。而且由于中间站这两个罐的容积有限，收发油流程切换频繁。从水力特性方面分析，由于中间站所设的油罐与大气连通，无论各站运行的泵台数及出站压力有多高，各站的进站压力总为零（近似等于当地的大气压）。这样一条长输管道可以看成是各独立站间通过各中间站的油罐连接成为整体的。通过油罐方式运行的输油管道，一旦流程操作失误只会对本站的设备及站间管道产生不利影响，而不会对沿线其他站及站间管道构成威胁。油罐可在各站输量不平衡时起调节作用，又可将管线油品中的杂质沉积下来。其特点如下：

① 中间站始终存在大呼吸损耗，且收发油罐切换频繁；

② 各站间管道成为独立的水利系统，各站进站压力为零，失去了余压利用的机会；

③ 各站间管道的流量可能不等；

④ 各站的输油能力不能相互弥补。

（2）"旁接罐"输送方式。这种输送方式是指上站来油直接进本站的油泵，油罐通过旁路管线接到泵入口汇管，即输油干线上。在这里，旁接油罐不是完全用来接纳上站来油或向下站发油，进罐或出罐的油量为该站与上游邻站的输量差。即，上站输量大于本站时多余油量进入旁接油罐；反之，旁接油罐的油流入管道补充上游来油的不足部分。当上下两站输量相等时，油罐液位保持不变。该输送方式较"罐到罐"输送方式来说，大幅度降低了油罐的进出油量，减少了因油罐呼吸损耗而引起的输差损耗，但仍然不是最为经济的输送方式。其特点是：

① 中间站仍存在呼吸损耗；

② 各站间管道成为独立的水利系统，各站进站压力为零，失去了余压利用的机会；

③ 各站间管道的流量可能不等；

④ 各站的输油能力不能相互弥补。

（3）"密闭"输送方式。在这种输送方式下，中间站不设旁接罐或旁接油罐不投入干线运行，上站来油全部直接进入本站输油泵的吸入管道，各泵站直接串联工作。正常输油时，全线各站的输量相等，各站的进站压力不再总是等于零，而是由全线各站输油泵运行的数量、管道调节情况及所输油品物性所决定。当某一站运行工况发生变化时，全线其他各站运行工况也随之变化。此时全线将从旧的平衡状态过渡到新的平衡状态。

以上 3 种输送方式，"旁接罐"输送方式可以转为"密闭"输送方式。"密闭"输送克服了油品蒸发损耗大、上站余压不能充分利用、设备多、流程复杂，而且不易实现自动化和全线集中自动控制的缺点。但密闭输送流程对自动化水平要求较高，需要实现全线数据采集和监控，特别是在"SCADA"自动控制系统及卫星、光纤技术成熟应用以后，为实现对输油管线全线的遥测、遥信、遥控、遥调及对沿线水击保护提供了可靠保障。确保了全线各站在事故状态下的自动合理应变及控制事故状态发展。其特点如下：

① 全线成为一个统一的水利系统，平衡状态下全线流量一致；

② 全线可作为一个统一的对象进行优化；

③ 各站进站压力不为零，且相互影响；

④ 各站输油能力可相互弥补；

⑤ 避免了中间站旁接油罐产生的呼吸损耗；

⑥ 能够合理利用管线余压，减少了压头损失；

⑦ 便于实施自动化，实现炉、泵、阀参数统一调节，实现优化运行；

⑧ 便于推广应用变频调速技术，克服节流损失。

2. 热油管道输送工艺及计算

易凝高黏原油、燃料油和润滑油等，在常温时黏度大，流动性差，有时甚至会凝固，如果不采取降黏、降凝措施，直接在环境温度下用管道输送将非常困难，或者很不经济。目前最常用的办法是加热输送，使易凝油品的温度保持在凝固点以上；使高黏油品因温度升高而黏度变小，减少摩阻损失。

加热输送的特点是：在输送油品的过程中，既存在摩阻损失，又存在热能损失。因此，必须从这两个方面给油品提供能量。即泵站提供压力能，使油品流动。加热站提供热能，使油品温度升高。摩阻损失与热能损失又是相互制约的，如果油品的加热温度高，其黏度就低，因而摩阻损失小，但热能损失大；反之，油品的加热温度低，其黏度就高，因而摩阻损失大，但热能损失小。怎样正确处理好这个矛盾，选择经济的加热输送方案是加热输送工艺所要解决的问题。加热输送的方法有直接加热和间接加热两种。

直接加热就是用加热炉直接给油品加热。油品直接流过加热炉膛内的管道，使油品被炉膛中的火焰加热。一般长输管道每隔几十公里建一个加热站，每站安装若干台加热炉。直接加热法的特点是热效率高，而且容易在较大的范围内调节温度。

间接加热是热源先加热载热体，载热体再通过一定的装置去加热油品。例如用热煤炉先加热一种性质稳定的有机液体(即通常所说的"热媒")，有机液体再通过热交换器把热量传递给油品；又如锅炉使处理过的水变成蒸汽，蒸汽通过伴热管线或蒸汽换热器把热量传递给油品或被加热介质。间接加热较直接加热安全性高。

1）热油管道温降的计算

油流在加热站加热到一定温度后进入管道。沿管道流动中不断向周围介质散热，使油流温度降低。散热量及沿线油温分布受很多因素的影响，如输油量、加热温度、环境条件、管道散热条件等。严格地讲，这些因素是随时间变化的，故热油管道经常处于热力不稳定状态。工程上将正常运行的工况近似为热力、水力稳定状况，在此前提下进行轴向温降计算。

根据能量平衡式，设计管长 $L$ 段内总传热系数 $K$ 为常数，忽略水力坡降 $i$ 沿管长的变化，可得沿程温降计算式，即列宾宗公式：

$$\ln \frac{T_R - T_0 - b}{T_L - T_0 - b} = aL \qquad (3-3-13)$$

其中

$$a = \frac{K\pi D}{Gc}, \quad b = \frac{Gig}{K\pi D}$$

式中　$K$——油流至周围介质的总传热系数，$W/(m^2 \cdot ℃)$；

　　　$D$——管道外径，m；

　　　$G$——质量流量，kg/s；

　　　$c$——油流比热容，$J/(kg \cdot ℃)$；

　　　$i$——站间平均温度下的水力坡降；

　　　$g$——重力加速度，$m/s^2$；

　　　$T_R$——管道起点的油温，℃；

　　　$T_L$——距起点 $L$ 处的油温，℃。

若加热站出站温度 $T_R$ 为定值，则管道沿程温度分布可用下式表示：

$$T_L = (T_0 + b) + [T_R - (T_0 + b)]e^{-aL} \qquad (3-3-14)$$

对于距离不长、管径小、流速较低、温降较大的管道，摩擦热对沿程温降影响不大的情况下，或概略计算温降时，可以忽略摩擦热的作用令 $b$ 取 0，则得到苏霍夫公式：

$$\ln \frac{T_c - T_0}{T_j - T_0} = aL \qquad (3-3-15)$$

2）温度参数的确定

确定热油管道的温度参数，主要考虑两个方面的因素：一是输油设备能够正常运行，保证安全生产；二是经济运行，使输油能耗费用降到最低点。

（1）出站温度(加热温度)。单从油品的物化性质考虑，对原油，一般加热温度最高可达 90℃ 左右；对重油，一般加热温度可达 110℃ 左右。但在实际上，加热温度还要受其他条件的限制，例如，含有水分的重油其加热温度不宜超过 100℃，以防止油中的水分变成蒸气。如果原油先加热然后进泵，加热温度的上限应低于原油的初馏点，以免油产生汽化，影响泵的正常吸入。确定出站温度还要考虑管道外壁的防腐层和防腐保温层的耐热能力，以及管路能够承受的热应力。如果管道外壁有沥青防腐绝缘层，为了防止其老化和流淌，出站温度一般不宜超过 70℃。在满足输油设备正常运行和安全生产的前提下，出站温度应通过经济比较来确定，由于方法比较复杂，这里就不讨论了。下面只介绍确定出站温度的一般原则。

对含蜡原油，在凝固点附近黏度大，黏温曲线陡，黏度随温度变化大。但当油温高于凝固点 30~40℃ 以上时，黏度随温度变化较小，而且含蜡原油常在紊流状态下输送，摩阻与黏度的 0.25 次方成正比，这时再提高油温对减小摩阻，节约动力费用意义不大，但热能损失却显著增大。故从经济运行的角度考虑，我国含蜡原油的出站温度一般不超过 70℃。

对高黏原油和重油，黏温曲线在通常的加热温度范围内都比较陡，油品黏度大，提高加热温度降黏效果显著，因此，其加热温度较含蜡原油高。特别是重油的管道输送大都在层流流态下进行，摩阻与黏度的 1 次方成正比，故重油的加热温度常在 100℃ 以上。为了减少热损失，其管壁外常加上防腐保温层。

（2）进站温度。进站温度和上站出站温度是相互制约的，确定进站温度必然要考虑对上站出站温度的限制条件。一般情况下规定进站温度高于凝固点 3~5℃。要通过经济比较来确定。

（3）埋地管线的地温。合理的地温取决于管道的埋设深度和埋设位置。特别是埋深，昼夜气温变化对地温的影响深度范围一般小于 0.5m。1m 左右深处的地温则只受月或季节气温变化的影响。如果埋深超过 1.4m 左右，地温受大气的影响就更小了。管道埋得深，热能损失小，但施工困难，土方量大，维修也麻烦；管道埋得浅，受大气温度影响大，热能损失大，但施工容易，维修方便。因此，国内热油管道的埋深一般是管顶到地面的距离为 1.2~1.5m。

管道的埋设位置要尽量避开地下水。对地下水位高、土壤腐蚀强的地段，可采用在地下水位以上浅挖深埋的土堤敷设方式。如果条件许可，管道埋设位置还应尽可能使管顶处于冻土层以下，以减小热能损失。

3）总传热系数 $K$ 的确定

热油在流动中传热的过程是：油流先将热量传给管壁，管壁再传给管壁外的防腐绝缘层或保温层，最后热量传到管路周围介质中去。埋地热油管道经过一段时间的运行后，在周围建立了比较稳定的温度场。在这种情况下，可以近似把热油管的传热看成稳定传热，即在同一时间内油流、管壁等各部分所传递的热量相等。这时总传热系数 $K$ 可表示为：

$$K = \cfrac{1}{D\left[\cfrac{1}{\alpha_1 d} + \sum \cfrac{\ln\left(\cfrac{D_i}{d_i}\right)}{2\lambda_i} + \cfrac{1}{\alpha_2 D_w}\right]} \qquad (3-3-16)$$

式中　$D$——管道计算直径（对于无保温层埋地管线，取外径，对于保温管线取保温层内外直径的平均值），m；

　　　$d$——管内径，m；

　　　$d_i$，$D_i$——管壁、管壁外防腐层、保温层等各层中第 $i$ 层的内径和外径，m；

　　　$\lambda_i$——上述第 $i$ 层材料的导热系数，W/(m·℃)；

　　　$D_w$——管路最外围的直径，m；

　　　$\alpha_1$——油流至管内壁的放热系数，W/(m²·℃)；

　　　$\alpha_2$——管路最外壁至周围土壤的放热系数，W/(m²·℃)。

总传热系数 $K$ 是指当油流与周围介质的温差为 1℃ 时，单位时间内通过单位传热表面所传递的热量，表示油流向周围介质散热的强弱。在温降计算中，正确确定 $K$ 值是个关键问题。

对于无保温的大直径管道，可忽略内外径的差值，则总传热系数为：

$$K = \cfrac{1}{\cfrac{1}{\alpha_1} + \sum \cfrac{\delta_i}{\lambda_i} + \cfrac{1}{\alpha_2}} \qquad (3-3-17)$$

式中　$\delta_i$——管壁、防腐绝缘层等各层中第 $i$ 层的厚度，m。

油流至管壁的放热系数 $\alpha_1$ 取决于管内油流的流态、油品的物理性质等。实践证明，紊流时 $\alpha_1$ 对 $K$ 值的影响很小，可以忽略不计，而层流时必须计入（正常运行管线均在紊流状态运行，为此可不计入）。

影响管外壁至土壤的传热系数 $\alpha_2$ 的因素很多，正确确定土壤导热系数是计算 $\alpha_2$ 的关键，土壤的导热性能决定于组成土壤固体物质的导热系数，土壤的颗粒大小分布和含水量及温度变化等。

测算土壤导热系数的工作繁杂并且困难，在管道运行管理中通常采用温降公式反算总传热系数，由温降公式可导出：

$$k = \frac{GC}{\pi DL} \ln \frac{t_c - t_0}{t_j - t_0} \qquad (3-3-18)$$

式中　$t_c$——本站出站温度，℃；

$t_j$——下站进站温度（$t_c$ 和 $t_j$ 为实际计量值），℃；

$t_0$——管道埋深处自然地温（管中心处），℃；

$D$——管道外径，m；

$L$——站间距，m；

$G$——质量流量，kg/s；

$C$——原油比热，J/（kg·℃）；

$k$——总传热系数，J/（m²·s·℃）。

4）热油管道摩阻计算

热油管道的摩阻计算不同于等温输油管道的特点在于：

一是热油管道沿线单位长度上的摩阻（即水力坡降）不是定值，因为热油在管道流动过程中，温度不断降低，黏度不断增大，水力坡降也就不断增大。故热油管道的水力坡降线不是直线而是一条斜率不断增大的曲线。因此，计算热油管道的摩阻时，必须考虑管道沿线的温降情况及油品的黏温特性。即必须先做热力计算，确定沿线的温度变化及黏度变化，在此基础上做摩阻计算。

二是，热油管道的摩阻损失应按照一个加热站间距来计算，如一个加热站间距的摩阻损失为 $h_{Ri}$，全线共有 $n$ 个加热站，则全线的摩阻损失 $h$ 为各加热站间摩阻的总和，即：

$$h = \sum_{i=1}^{i=n} h_{Ri} \qquad (3-3-19)$$

这是因为在加热站的进出口处油温发生突变，黏度也发生了突变。因此只是在一个加热站间的距离内，黏度才是连续变化的，可用黏度随距离变化的理论公式，或分段取黏度的平均值方法来计算一个加热站间的摩阻。

（1）平均油温计算法。

这种方法是按照管道起终点的平均温度下的油流黏度，用等温输送的方法计算一个加热站间的摩阻。具体分为三步：第一步，计算加热站间油流的平均温度 $T_{pj}$；第二步，由黏温曲线查出温度为 $T_{pj}$ 时的油流黏度 $\nu_{pj}$；第三步一个加热站间的摩阻 $h_R$ 为：

$$h_R = \beta \frac{Q^{2-m} \nu_{pj}^m}{D_1^{5-m}} l_R \qquad (3-3-20)$$

平均油温可按下式确定：

$$T_{pj} = \frac{1}{3}T_R + \frac{2}{3}T_z \tag{3-3-21}$$

式中 $T_R$，$T_z$——加热站间起、终点油温，℃。

这是我国工程上目前常用的简化方法。由于将站间油流黏度用一不变的黏度代替，加热站间水力坡降简化为一直线。这使热力、水力计算简单，布站方便。当管道流态在紊流光滑区(含蜡原油加热输送时躲在此区域)，摩阻与黏度的 0.25 次方成正比，当大口径管道的加热站间温降不很大时，这种简化方法在工程设计上是可行的。

需要较为准确的计算时，或管内流态为层流、管道起终点油温温差较大，使得油流黏度变化大且对摩阻影响较大时，这种方法计算结果误差较大。为了提高计算准确性，可采用分段计算的方法。将加热站间分成若干小段，每段分别计算其起点、终点油品和平均油温。再按对应于各段平均油温的计算黏度分段计算摩阻，各小段摩阻之和即为全站间的摩阻。

（2）由黏温关系式推导摩阻计算式。

将黏温指数关系式 $\frac{\nu_1}{\nu_2} = e^{-u(T_1-T_2)}$ 代入热油管道摩阻计算的微分关系式可得到摩阻计算式：

$$h_R = h_{T_R}\Delta l \tag{3-3-22}$$

$$\Delta l = \frac{e^{mu(T_R-T_0)}}{A_R}\{E_i[-mu(T_R-T_0)]-E_i[-mu(T_z-T_0)]\} \tag{3-3-23}$$

（3）径向温降对摩阻的影响。

热油管道油流由中心向周围介质散热，在管道径向，不仅油流与管壁间、管壁与土壤间有温差，而且在中心的油流与外围的油流间也有温差，即有一定的温度分布。

管道内油流的径向温差，会引起油流在径向的对流运动。因而，在雷诺数略小于 2000 的情况下，热油管道内的流态也不是层流，自然对流扰乱了层流。只有在自然对流很弱的情况下，才恢复层流。由于径向温降引起的扰动及管壁附近油流黏度的增大，会引起附加压头损失，在层流时的影响比紊流时要大得多。径向温降引起的压头损失，可用径向温降摩阻修正系数 $\Delta r$ 来表示，即：

$$h_R = h_{T_R}\Delta l\Delta r \tag{3-3-24}$$

其中

$$\Delta r = \varepsilon(\nu_{bi}/\nu_y)^{\omega} \tag{3-3-25}$$

式中 $\Delta r$——径向温降摩阻修正系系数；

$\nu_{bi}$——管壁平均温度下的油品运动黏度，$m^2/s$；

$\nu_y$——油流平均温度下的油品运动黏度，$m^2/s$；

$\varepsilon$——系数，层流时为 0.9，紊流为 1.0；

$\omega$——指数，层流时为 1/3~1/7。

在紊流时，径向温降对摩阻损失的影响很小，$\varepsilon \to 1$。对某些流态为层流的重油管道，$\Delta r$ 值约为 1.1~1.4。

3. 易凝高黏原油输送工艺

原油的分类方法有多种。从管道输送的角度，按照流动特性分类，大致可以把原油分为轻质低凝低黏原油、易凝原油以及高黏重质原油。易凝原油是含蜡量较高的原油，称为"含蜡原油"；高黏重质原油就是密度较大、胶质沥青质含量较高的原油，称为"稠油"。这两种原油统称为易凝高黏原油，它们在常温下的流动性较差，常需要采用加热或添加化学剂等方法改善其流动性才能在管道中输送。

易凝高黏原油流动性较差，为了改善原油的流动性（黏度、凝点等）需要付出一定的经济代价。同时，原油的高凝点、高黏度也给管道的安全运行造成隐患，故也需要采取相应的安全保障措施。不论对于含蜡原油还是稠油，升高温度皆可以降低黏度，因此，加热输送就成为最常见的易凝高黏原油管道输送工艺。加热输送是行之有效的，但也存在若干固有缺陷：一是，输送能耗高；二是加热站的设置增加了管道建设的投资和运行管理的难度及费用；三是由于含蜡原油凝点较高、稠油在较低温度时的黏度很大，热油管道若停输时间较长，可因管内原油冷却胶凝而导致凝固事故；四是加热输送管道存在最低允许输量，允许的输量变动范围窄，难以适应油田开发初期和末期低输量运行的需要。

1）含蜡原油降凝剂改性输送工艺

含蜡原油管道输送的主要矛盾是其较高的凝点。含蜡原油降凝的重点是针对原油中的蜡，通过化学、物理的方法改变已析出的蜡晶的形态，使其不易连接形成结构，或削弱已形结构的强度，其结果不仅降低凝点，反常点温度以下的黏度也显著下降。

含蜡原油的降凝剂是高分子聚合物，对含蜡原油有降凝作用的化学剂主要有4类，包括乙烯—醋酸乙烯酯共聚物（EVA）及其改性物、聚（甲基）丙烯酸酯共聚物、马来酸酐共聚物、含氮聚合物等。降凝剂通过改变蜡晶的形态结构，从而改善含蜡原油低温流动性，故也称为蜡晶改良剂。降凝剂改变蜡晶结构机理一般有3种观点：

（1）晶核作用。原油降凝剂在高于原油析蜡点的温度结晶析出，起晶核作用而成为蜡晶发育的中心，使原油中的小蜡晶增多，从而不易产生大的蜡团。

（2）吸附作用。原油降凝剂吸附在已经析出的蜡晶晶核活动中心上，从而改变蜡晶的取向，减弱蜡晶间的相互联合作用。

（3）共晶作用。降凝剂在析蜡点温度以下与蜡共同析出，蜡分子在降凝剂分子中的烷基链上结晶，改变蜡的结晶行为和取向性，并减弱蜡晶继续发育的趋向。

一般影响降凝剂改性效果的主要因素有：原油的组成及降凝剂与原油的适配性；降凝剂添加量；改性处理温度；降凝剂改性原油的剪切效应。

2）含蜡原油的其他降凝减阻输送工艺

目前，除了原来越广泛应用的降凝剂改性处理输送工艺外，含蜡原油减阻输送工艺还有热处理改性输送、水悬浮输送、气饱和输送等。

含蜡原油的热处理，是将原油加热至某一温度，使原油中的蜡晶完全溶解，此后在一定降温速率和剪切条件下降温。通过这一处理过程，可以改善蜡晶的形态和结构，从而改善原油在析蜡点、特别是反常点以下的流动性。能产生改性效果的热处理温度通常远高于加热输送时原油的加热温度，并且高于降凝剂改性所需的处理温度，热处理是一种物理改性的方法，就是利用含蜡原油的流变性与原油加热温度的关系，取得有利于管道输送的流动性能。

水悬浮输送是指把高凝原油分散于常温水中，形成凝油颗粒的水悬浮液进行输送的技术。由于凝点温度以下含蜡原油的黏度很高，而水悬浮液把单独输油时油与管壁的摩擦以及高黏度原油分子的内摩擦，转变为水与管壁的摩擦、水与凝油颗粒间的摩擦，故使输送的摩阻大大减小。

气饱和输送是油田在较高的压力下进行油气分离，使一部分天然气溶解于原油中，从而降低原油的黏度和凝点，减小管输摩阻。输送中为了防止天然气从原油中分离出来，必须保证管道和设备内的压力不低于油气分离压力。当管道通过冻土带或沼泽而不能采用加热输送时，气饱和输送有一定的优越性。

3）热油管道的内壁结蜡与清蜡

（1）热油管道内壁结蜡。

含蜡原油的蜡在较高温度下溶解于原油内。在输送过程中，随着油流温度降至析蜡点后，则不断有蜡结晶析出。这些蜡结晶形成空间网格，掺裹着油流中的胶质、凝油、泥沙和其他杂质，沉积在管内壁上，如图 3-3-1 所示。管内壁上的这些沉积物中，一般蜡约占40%左右，沥青质和胶质约占15%左右，凝油和其他杂质约占45%左右。经多次在长输管线上割口观察，这些沉积物分层明显，紧贴管壁的是一层比较密实的黑褐色物质，厚度一般为几毫米，较牢固地粘在管壁上，主要成分是蜡。在蜡层上面是厚度较大的黑色物质，质地比紧贴管壁的蜡层松软，有时流速较大、温度较高的热油可以把它从管壁上冲掉一部分，其主要成分是凝油、胶质、沥青质等。

蜡沉积物在管路内分布的一般规律是：管路在靠近加热站的起始段，油温较高（多高于析蜡温度），结蜡轻微；随着距离增加，油温逐渐降低，管内蜡沉积物的厚度也逐渐增加，当蜡沉积物厚度增加到最大值后，随着离起点的距离增大，油温进一步下降，蜡沉积物的厚度又开始减小，这一规律，如图 3-3-2 所示。

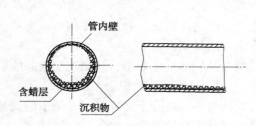

图 3-3-1　热油管道内壁的沉积物

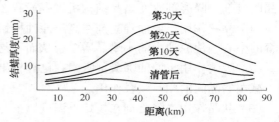

图 3-3-2　某管道清管前后沿线结蜡规律

应当注意，上述蜡沉积物沿线分布规律具有一定的普遍性，但由于进站温度不同，原油析蜡高峰温度不同，结蜡最严重段所在位置有所不同，一般是在两站间的后部。

（2）影响管壁结蜡的因素。

① 温度。油温高于析蜡温度，管内不结蜡。油温降至析蜡温度后，由于温度仍较高，析蜡量少，管内只有较轻微的结蜡。在析蜡高峰温度区，管内结蜡比较严重。温度再降低，除析蜡量减少外，油黏度增大，使蜡沉积物不易在管壁上着附，管内结蜡又减少了。

② 温差。管壁温度低于析蜡温度，且油温高于壁温时，两者温差越大，管内壁的结蜡量越多。所以，加有保温层的管道和常温输送管道，因油流与管壁温差小，结蜡程度就比不加保温层的管道和加热输送管道轻。对于热源在油管外的外伴热管道，由于热量通过管壁传给油流，壁温高于油温，管内壁几乎不结蜡。

③ 流速。随着流速增大，管壁结蜡程度减轻。因为，较高的流速不但可以使蜡结晶在油中保持悬浮状态，使其不易在管壁上附着，而且还增加了把蜡沉积物冲离管壁的可能性。

④ 管壁材质。管壁和壁内表面涂料的材质不同，蜡在其表面沉积的难易程度就不同。因此，在其他条件相同的情况下，钢管壁涂与不涂防蜡涂料，管壁结蜡程度显然不同，而且

涂不同涂料其结蜡程度也不相同。例如国外某油田把没有涂层的钢管和涂了不同涂料的钢管连接在一起，让油流从中通过一段时间后，管中蜡沉积物厚度为：没有涂层的钢管，结蜡10~18mm；涂电木漆的钢管结蜡2~3mm；涂酚醛塑料清漆的钢管则没有发现蜡沉积物。

（3）减少和清除管内结蜡的措施。

管内壁结蜡后，使实际管径变小，造成管道输送能力下降，摩阻损失增大，输油成本上升，安全隐患加大。所以，要安全经济地完成输油任务，必须采取切实可行的技术措施，减少和消除管内结蜡。

① 管内保持较高的温度和流速。在较高的温度和流速下输送原油，能较大地降低结蜡程度，但不能完全避免结蜡。

② 采用清管器清蜡。清管器清蜡是目前采用广泛，而且效果好又比较经济实用的清蜡措施。

③ 其他防蜡和清蜡措施。

在管道上安装强磁防蜡器，使油中的蜡在强磁场的作用下不易聚集成大的蜡结晶颗粒并使已形成的大蜡结晶颗粒分裂变小，溶于原油中，从而防止管壁结蜡。该方法在我国油田集输管线上试验，取得了良好效果。

在管道内壁喷涂一层能够防结蜡、耐油、并耐一定温度的漆料。这种特殊的涂料有的（如前苏联的搪瓷-515漆料）不但防止蜡在管壁上沉积，而且能使管壁更光滑，减少管内摩阻损失。这种方法在国外油田出油管上试验效果明显，但在长输管线上使用还有些技术问题有待解决。

定期在清管后往管内输入一种聚合物水溶液（如聚丙烯酰胺水溶液）这种溶液能在管壁内形成一层不会被油流冲走的薄膜，它起着防止蜡沉积和抑制蜡结晶聚集的作用。这种方法经国外某长输管线使用证明，效果较好。

4）热油管道的经济运行

长输热油管道的输量大、运距长，全年连续运行，耗电、耗油量大，能耗费用高，运行温度是否合适，直接影响输油成本。热油输送的能耗费用 $F$ 由加热用的燃料费用 $F_R$ 和泵机组的动力费用 $F_D$ 组成。即：

$$F = F_R + F_D \tag{3-3-26}$$

单位为：元/（t·km）。

当输量 $Q$、地温 $t_0$、总传热系数 $K$ 等一定时，随着油品平均温度提高，热能损失增大，燃料费用 $F_R$ 增加；但由于油品平均温度升高，油品黏度降低，使摩阻减小，则动力费用 $F_D$ 下降。如果降低油品平均温度，燃料费用 $F_R$ 减少，则由于油温低，油黏度大，摩阻增大，则动力费用 $F_D$ 上升。在实际运行中应两者综合考虑优化运行，以达到综合能耗费用 $F$ 最低的目的。

**4. 多品种油品顺序输送工艺**

在同一条管道内，按一定的顺序，连续地以直接接触或间接接触的方式输送几种油品，这种输送方法称为顺序输送。

炼油厂（或大型油库）的各种石油产品（如汽油、煤油、柴油等），目前主要通过车运、船运和管道顺序输送的方式外运，把流向相同的几种油品沿一条管道顺序输送到转运油库或用户，则能获得较好的经济效益。其主要优点：一是，成品油可以从产地（炼油厂）直接送到消费中心和主要用户，大大减少了转运环节。运输的均衡性很强，灵活性也较大。二是，一般情况下顺序输送的运输成本低于其他运输方式。三是，密闭输送，减少蒸发损耗，降低了油品损耗率，而且安全性高，不污染环境。四是，可以适应比较复杂的地形环境与气候条件。

顺序输送也存在不足之处。在顺序输送管道中，两种油品交替时，在接触面上将形成一段混油。这段混油不符合产品的质量指标，不能直接进入终点站的纯净油品储罐内，而需要设置专门的混油罐，以接收管道内形成的混油。这些混油可重新加工，或掺入纯净油罐内调制，或降级使用。

在不同油品顺序输送时一般选择把性质最为接近的两种油品相邻输送，以减少混油所造成的损失。根据油品在管道内交替输送的特点，顺序输送时需制订详细的运行方案，确定几种油品输送的批次顺序和循环周期、估算混油量、混油到终点后的分割方案及处理方法以及各站输油泵运行方式等。

1）影响管道顺序输送混油量的主要因素

（1）雷诺数的影响：雷诺数反映了管内流体的流态，当流体处于层流状态时，混油量急剧上升。处于紊流状态，混油量的增加随管道长度增加而增加的趋势减缓。

（2）油品输送次序对混油量的影响：由于顺序输送的周期性，油品在管内的排列次序也发生周期性的变化。在操作条件完全相同的情况下，输送次序不同产生的混油量也不同。一般规律为：油品交替时，黏度小的油品顶替黏度较大的油品产生的混油量大于交替次序相反时的混油量。

（3）管道首站初始混油量的影响：在油罐切换的短暂时间内，前后两种油品同时进入首站泵的吸入管道，形成所谓的初始混油。初始混油量的大小取决于切换油罐的速度、首站泵吸入管道的布置和首站的排量。

（4）中间站对混油的影响：顺序输送过程中，混油段每经过一个中间站或中间分输站，混油段长度就有所增加，其主要原因如下：

① 站内分支管道较多，支管到阀门之间的存油不断地与进站油品掺合，使混油段浓度发生变化，混油量增加；

② 站内管道阀件、管件多，造成局部扰动，加剧混油过程；

③ 泵内叶轮的急剧剪切也会加强混油过程，增加混油量。

（5）停输对混油量的影响：停输时，管内液体的紊流脉动消失，被输送液体之间的密度差成为产生混油的主要因素，在密度差的作用下，混油段横截面上的油品会在垂直方向上产生运移，较轻的油品向上运动，较重的油品向下运动，造成混油量的增加。如果停输时混油段正处在较高的山坡地段，且密度大的油品又处于高处时，在密度差的作用下混油量会有较大的增加。

2）减少混油量的措施

根据分析影响混油的因素，可采取以下措施减少混油量：

（1）切换不同油品的阀门应采用快速控制的电动或液动阀门，以减少切换油品时的初始混油。

（2）确定油品输送批次时，应尽量把性质相近的、相互允许混入的浓度较大的两种油品安排在相邻批次。

（3）两种油品同时在管道内输送时，应避免停输。特殊情况必须停输时，应尽量使混油段停在较平坦的地段，并关闭线路上混油段上下游两端的线路截断阀门。

（4）两种油品交替时，应保持一定的输量，使流态保持紊流，雷诺数一般应大于 $10^4$，杜绝在层流状态下运行。

（5）顺序输送管道应尽量不用变径管和副管。由于副管和干线管路内液流的流速不同，在干线管路和副管汇合处会造成激烈的混油，变径管也会使混油增加。

（6）顺序输送管道应采用"泵到泵"密闭输送工艺。

（7）工艺流程尽量简单，减少盲支管和线路上的管件，以减少增加混油的因素。

（8）"混油头"和"混油尾"在不影响油品质量的情况下可掺入大容量的纯油罐中，以减少混油处理量及处理混油所需的燃料油消耗量。

（9）在起终点储罐允许的前提下，尽量加大每种油品的一次输送量。

## 三、天然气输送工艺及计算

### 1. 输气系统的组成

长输管道系统的构成一般包括输气干管、首站、中间气体分输站、干线截断阀室、中间气体接收站、清管站、障碍（江河、铁路、水利工程等）的穿跨越、末站（或称城市门站）、城市储配站及压气站。

输气干线首站主要是对进入干线的气体质量进行检测控制并计量，同时具有分离、调压和清管球发送功能。

输气管道中间分输（或进气）站其功能和首站差不多，主要是给沿线城镇供气（或接收其他支线与气源来气）。

压气站是为提高输气压力而设的中间接力站，它由动力设备和辅助系统组成，它的设置远比其他站场的复杂。

清管站通常和其他站场合建，清管的目的是定期清除管道中的杂物，如水、机械杂质和铁锈等。由于一次清管作业时间和清管的运行速度的限制，两清管收发筒之间的距离不能太长，一般为 100~150km，因此在没有与其他站合建的可能时，需建立单独为清管而设的站场。清管站除有清管球收发功能外，还设有分离器及排污装置。

输气管道末站通常和城市门站合建，除具有一般的站场分离、调压和计量功能外，还要给各类用户配气。为防止大用户用气的过度波动而影响整个系统的稳定，有时装有限流装置。

为了调峰的需要，输气干线有时也与地下储库和储配站连接，构成输气干管系统的一部分。与地下储库的连接，通常都需建一压缩机站，用气低谷时把干线气压入地下构造，高峰时抽取库内气体压入干线，经过地下储存的天然气受地下环境的污染，必须重新进行净化处理后方能进入压缩机。

干线截断阀室是为了及时进行事故抢修、检修而设。根据线路所在地区类别，每隔一定距离设置。

### 2. 输气管道的水力计算

天然气由气田或气体处理厂进入输气干管，其流量和压力是稳定的；在有压缩机站的长输管道两站间的管段，起点与终点的流量是相同的，压力也是稳定的，即属于稳定流动。长输管道的末段，有时由于城镇用气量的不均衡，要承担城镇日用气量的调峰，则长输管道末段在既输气又储气、供气的条件下，它的起点和终点压力以及终点流量二十四小时都是不同的，属于不稳定流动（流动随时间而变）。天然气的温度在进入输气管时，一般高于（也可能低于）管道埋深处的土壤温度。并且随着起点到终点的压力降，存在焦耳—汤姆逊节流效应产生温降，但由于管道与周围土壤的热传导，随着天然气在管道的输送过程，天然气的温度会缓慢地与输气管道深处的地层温度逐渐平衡。所以天然气在输气干管中流动状态，也不完全是等温过程。

1）水平输气管道的基本公式

高差等于零的水平输气管道的基本公式，包括高差 200m 内的输气管道均可认为是水平输气管道，而不足以影响计算精确性。

输气管质量流量：

$$G = \frac{\pi}{4} \sqrt{\frac{(p_1^2 - p_2^2) d^5}{\lambda Z R_g T L}} \qquad (3-3-27)$$

式中　$G$——输气管质量流量，kg/s；

　　　$d$——输气管内径，m；

　　　$p_1$，$p_2$——输气管起点、终点压力，Pa；

　　　$\lambda$——水力摩阻系数；

　　　$Z$——气体压缩因子；

　　　$R_g$——气体常数，J/(kg·K)；

　　　$T$——气体绝对温度，K；

　　　$L$——管长，m。

式（3-3-27）即为水平（忽略沿线高程变化影响的）输气管道的基本方程式。它表示输气管各种流动参数之间的关系。

工程标准状态下的体积流量：

$$Q = C \sqrt{\frac{(p_1^2 - p_2^2) d^5}{\lambda Z \Delta T L}} \qquad (3-3-28)$$

其中

$$R_g = \frac{R}{M_a} = \frac{8314.3}{28.96} = 287.1 \text{J/(kg·K)}$$

$$C = \frac{\pi}{4} \frac{293}{1.01325 \times 10^5} \sqrt{287.1} = 3.848 \times 10^{-2} \frac{\text{m}^2 \cdot \text{s} \cdot \text{K}^{\frac{1}{2}}}{\text{kg}}$$

式中　$R$——通用气体常数；

　　　$M_a$——空气相对分子质量。

2）地形起伏地区输气管道的基本公式

地形起伏且有较高高差（大于 200m）的情况，对于坡度一致的管道，设起点高程 $S_H = 0$，终点高程 $S_K$（$S_K - S_H = \Delta S$）。此时输气管道的基本计算公式为：

$$Q = C \sqrt{\frac{[p_1^2 (l - a\Delta S) - p_2^2] d^5}{\lambda \Delta Z T L \left(1 - \frac{a\Delta S}{2}\right)}} \qquad (3-3-29)$$

其中

$$a = \frac{2g\Delta}{ZR_aT_F}$$

式中　$\Delta$——天然气的相对密度；

　　$T_F$——管道中天然气的平均温度，K。

对于地形起伏，沿线高程变化的输气干线：

$$Q = C\sqrt{\frac{[p_1^2 - p_2^2(l + a\Delta S)]d^5}{\lambda \Delta ZTL\left(1 + \frac{a}{L}F\right)}} \qquad (3-3-30)$$

3）水力摩阻系数

输气管的计算公式选得合适与否，主要取决于摩阻系数 $\lambda$ 的计算选择是否正确。水力摩阻系数 $\lambda$ 通常是根据气体在管路中的流态来决定的，而划分流态的标准是雷诺数 $Re$。

$$Re = A\frac{Q\Delta}{D\mu} \qquad (3-3-31)$$

其中

$$A = \frac{4\gamma_B}{\pi g} \qquad (3-3-32)$$

式中　$Q$——输气管流量；

　　$\Delta$——天然气的相对密度；

　　$D$——管路内径；

　　$\mu$——气体的绝对黏度；

　　$\gamma_B$——空气的相对密度（在标准状况下：0.1034MPa，20℃，$\gamma_B = 1.205\text{kg/m}^3$）。

$A$ 的值取决于所采用的单位，如果 $Q$ 采用单位 $\text{m}^3/\text{d}$，$D$ 采用单位 cm，$\mu$ 采用单位 kg·s/m²，则：

$$Re = 1.814 \times 10^{-4}\frac{Q\Delta}{D\mu} \qquad (3-3-33a)$$

如果天然气相对密度 $\Delta = 0.6$，$\mu = 1.11 \times 10^{-6}\text{kg·s/m}^2$，则：

$$Re = 98\frac{Q}{D} \qquad (3-3-33b)$$

流体在管路中的流态划分为两大类：层流和紊流。

（1）$Re < 2000$，流态为层流。层流的特点是靠近管壁处有边界层存在，而且边界层很厚，完全盖住了管壁上的粗糙凸起，流体质点平行于管轴作有规则的运动。

（2）$Re > 3000$，流态为紊流。紊流总的特点是流体质点作涡旋运动。紊流又分为如下三个区：

（3）$3000 < Re < Re_1$——光滑区：靠近管壁处有较薄的层流边界层存在，且能盖住管壁上的粗糙凸起。$Re_1$ 为光滑区—混合摩擦区的边界雷诺数，或称第一边界雷诺数：

$$Re = \frac{59.7}{\left(\frac{2k}{D}\right)^{\frac{8}{7}}} \qquad (3-3-34)$$

式中　$k$——管壁的当量粗糙度(绝对粗糙度的平均值)。

(4) $Re_1 < Re < Re_2$——混合摩擦区:管壁上的部分粗糙凸起露出层流边界层。$Re_2$ 为混合摩擦区——阻力平方区的边界雷诺数,或第二边界雷诺数:

$$Re = 11 \left(\frac{2k}{D}\right)^{-1.5} \tag{3-3-35}$$

(5) $Re > Re_2$——阻力平方区:层流边界层很薄,管壁上的粗糙凸起几乎全部露出层流边界层。

除低压输气管可能处于层流或紊流光滑区,中压和高压输气管的流态主要处于混合摩擦区和阻力平方区,对于干线输气管来说,基本上都处于阻力平方区。因此,重要的是知道从混合摩擦区进入阻力平方区的边界雷诺数。

(1) 光滑区:

$$\lambda = \frac{0.1844}{Re^{0.2}} \tag{3-3-36}$$

(2) 混合摩擦区:

$$\lambda = 0.067 \left(\frac{158}{Re} + \frac{2k}{D}\right)^{0.2} \tag{3-3-37}$$

$$\lambda = 0.11 \left(\frac{68}{Re} + \frac{k}{D}\right)^{0.25} \tag{3-3-38}$$

(3) 阻力平方区:

威莫斯(Weymouth)公式

$$\lambda = \frac{0.009407}{\sqrt[3]{D}} \tag{3-3-39}$$

潘汉德(Panhandle)修正公式

$$\lambda = \frac{1}{68.1 Re^{0.0302}} \tag{3-3-40}$$

全苏天然气研究所早期公式

$$\lambda = \frac{0.383}{\left(\frac{D}{2k}\right)^{0.4}} \tag{3-3-41}$$

全苏天然气研究所近期公式

$$\lambda = 0.067 \left(\frac{2k}{D}\right)^{0.2} \tag{3-3-42}$$

4) 局部摩阻

由于干线输气管中气体的流态一般总是处于阻力平方区,必须考虑由于焊接、弯头、三通和孔板等引起的局部摩阻。但在实际计算中,通常是使水力摩阻系数 $\lambda$ 增加5%作为局部摩阻的考虑。

5) 输气管的压力分布、平均压力及均压时间

(1) 输气管线的压力分布。

设有一段输气管 AC,长 $L$。以 $X$ 表示任意点 B 至起点 A 的距离。同一条管道流量相同,

管道沿线任一点压力 $p_x$：

$$p_x = \sqrt{p_1^2 - (p_1^2 - p_2^2)\frac{X}{L}}$$ (3-3-43)

（2）水平输气管的平均压力 $p_{cp}$。

$$p_{cp} = \frac{2}{3}\left(p_1 - \frac{p_2^2}{p_1 + p_2}\right)$$ (3-3-44)

（3）均压时间 $\tau$。

从管道停输到压力平衡的时间叫均压时间 $\tau$，其计算式为：

$$\tau = \frac{L}{4}\sqrt{\frac{\lambda L_m}{gDZRT}}\ln\frac{p_1 + \sqrt{p_1^2 - p_m^2}}{p_m}$$ (3-3-45)

3. 输气管道沿线温降计算

1）管道的温度分布规律和平均温度

管道中气流温度的变化，取决于运动的物理条件和周围的热交换条件。管道沿线任一点的气流温度 $t_x$：

$$t_x = t_0 + (t_1 - t_0)e^{-ax} - D_i\frac{p_1 - p_2}{al}(1 - e^{-ax})$$ (3-3-46)

式中　$t_0$——管道周围土壤的温度；

　　　$t_1$——管道起点的气体温度；

　　　$D_i$——焦耳—汤姆逊节流效应，$cm^2 \cdot ℃/kg$；

　　　$l$——从管道起点到计算点的距离；

　　　$a$——计算常数。

$$a = \frac{225.256 \times 10^6 KD}{q_v \Delta c_p}$$

式中　$K$——总传热系数，$W/(m^2 \cdot K)$；

　　　$D$——管道的直径，$m$；

　　　$q_v$——输气管气体通过量（$p_a = 0.1013MPa$，$T = 293K$），$m^3/d$；

　　　$c_p$——管中气体的平均比定压热容，$J/(kg \cdot K)$。

管道平均温度 $t_m$：

$$t_m = t_0 + \frac{t_1 - t_0}{al}(1 - e^{-al}) - D_i\frac{p_1 - p_2}{l}\left[1 - \frac{1}{al}(1 - e^{al})\right]$$ (3-3-47)

如果不计节流效应的影响，有：

$$t_m = t_0 + \frac{t_1 - t_0}{al}(1 - e^{-al})$$ (3-3-48)

在实践中，常用该式来确定气体管道工艺计算的平均温度。

2）地下输气管道的总传热系数

管道总传热系数的误差决定着管道温度计算的准确性。其粗略数值为：干砂土1.0；很湿的砂土3.0；潮湿的黏土1.35；无法确定时可采用1.50。总传热系数因管道埋设的土壤性质不同差异很大，为了取得比较准确的数值，管道总传热系数的一般计算式为：

$$\frac{1}{KD_{in}} = \frac{1}{\alpha_1 D_{in}} + \sum_{i=1}^{n} \frac{\ln \dfrac{D_{i+1}}{D_i}}{2\lambda_i} + \frac{1}{\alpha_2 D_{ex}} \qquad (3-3-49)$$

式中　$K$——管道的总传热系数，$W/(m^2 \cdot K)$；

　　　$D_{in}$——管道的内径，m；

　　　$\alpha_1$——气体对管道内壁的散热系数，$W/(m^2 \cdot K)$；

　　　$D_1$——涂层、管壁和绝缘层等的内径，m；

　　　$D_{i+1}$——涂层、管壁和绝缘层等的外径，m；

　　　$\lambda_i$——各层材料的导热系数，$W/(m \cdot K)$；

　　　$\alpha_2$——管道向外界的散热系数，$W/(m^2 \cdot K)$；

　　　$D_{ex}$——管道的外径，m。

对于大、中口径管道上式可简化为：

$$\frac{1}{K} \cong \frac{1}{\alpha_1} + \sum_{i=1}^{n} \frac{\delta_i}{\lambda_i} + \frac{1}{\alpha_2} \qquad (3-3-50)$$

式中　$\delta_i$——管道各层的厚度，m。

天然气在管道中的流态几乎都在紊流状态，气体至管壁的内部放热系数比层流大得多，热阻 $\dfrac{1}{\alpha}$ 甚小，在工程中可忽略不计，常用下式计算 $K$ 值：

$$\frac{1}{K} = \frac{\delta_j}{\lambda_j} + \frac{1}{\alpha_2} \qquad (3-3-51)$$

式中　$\delta_j$——绝缘层的厚度，m；

　　　$\lambda_j$——绝缘层的导热系数，$W/(m \cdot K)$。

# 第四节　油气管道的优化运行

在现代管道工业中，优化技术在管道规划、设计、运行管理和控制等方面得到了广泛的应用。优化技术是在现代计算机技术广泛应用的基础上发展起来的一项新技术，是根据现代数学最优化原理和方法，综合各方面因素，在现有工程条件下，从问题的众多可行方案中选出最经济的方案。

管道输送过程不对所输介质进行任何加工，因此不增加所属介质的使用价值，管道运输的产值主要表现为运费。运费又是在计算可变成本及固定成本的基础上形成的。管道输送的可变成本主要是由输送过程中的动力费用(电费)和热力费用(燃料费)组成，这两项费用综合又称为总能耗费用，它随输量及输送工艺变化而变化。

## 一、不同输量的组合

一定时间内的输油任务确定以后，以单一流量运行，管道运行平稳，流程切换操作大为减少。这种情况下，即使工况参数是通过优化方法确定的，其结果不一定是最优的，因为在单一的输量下，全线泵机组的搭配组合难以完全消除节流损失，若在这一段时间内考虑多种流量组合往往可得出更优的运行方案。

输油管道的首末站一般都设有一定容量的油罐群，可用来调节油田或终点用户需求的不均衡性，这正好为制订多种流量组合提供了方便。假如上级下达的输油任务是 $N$ 天之内完成 $M$ 吨原油的输送，不难算出平均流量 $Q$，进一步的分析可确定在流量 $Q$ 下有无节流损失或节流程度。如果没有节流或节流幅度很小，管道可在流量 $Q$ 下运行；如果存在节流，可从各种泵搭配组合方案中选取两种工作点流量最接近流量 $Q$ 的方案，假设各自的工作点流量为 $Q_1$ 和 $Q_2$，并且有 $Q_1 < Q < Q_2$，管道在 $Q_1$ 下运行 $N_1$ 天，在 $Q_2$ 下运行 $N_2$ 天，所确定的 $N_1$ 和 $N_2$ 天数必须保证在 $N$ 天之内完成上级下达的输油任务。它们的数学关系可表示为：

$$N_1 + N_2 = N \tag{3-4-1}$$

$$N_1 Q_1 + N_2 Q_2 = NQ \tag{3-4-2}$$

求解该方程组可得：

$$N_1 = N(Q_2 - Q)/(Q_2 - Q_1) \tag{3-4-3}$$

$$N_2 = N(Q - Q_1)/(Q_2 - Q_1) \tag{3-4-4}$$

这样，管道可保证以最小的节流甚至在没有节流的工况下运行。如果管道运行的输油泵台数少，两种运行方案下的流量相差大，这时要检查这两种运行方案下的泵是否偏离了高效区，如是这样，要考虑泵效率的影响。

## 二、经济出站(进站)油温的确定

在研究管道优化运行时，首先要进行系统分析并建立数学模型，然后求解该数学模型，寻求最优解。优化分析的数学模型由目标函数及约束条件组成。管道运行方案是否经济，可用总能耗费用作为衡量指标，费用最低的便是所寻求的最优方案。因此，描述管道最优运行方案的数学模型可简单地表述为：

$$\text{目标函数} \quad \min S = (\sum S_{pi} + S_{Ri}) \tag{3-4-5}$$

式中　$S$——管道运行总能耗费用，万元/年；

　　　$S_{pi}$——管道输送时的动力费用，万元/年；

　　　$S_{Ri}$——管道输送时的热力费用，万元/年。

约束条件有：(1)热力条件约束；(2)水利条件约束；(3)管道强度约束；(4)输油泵特性约束等。满足这些约束条件的最优解就是寻求的最优运行方案。

由于输油管道的优化是一项十分复杂的工作，面对频繁的输量和环境条件变化，仅靠简单的人工计算是难以完成的，现代计算机技术及数值计算方法为管道优化提供了有力的手段。由此而产生的各种数学模型优化软件已在管道运行中使用，收到了良好的效果。

这里不对管道优化数学模型的建立和求解进行详细的讨论，而是从几个侧面讨论管道的优化问题。

当管道输量一定时，出站温度确定以后，进站温度即已确定，二者间的函数关系遵守轴向温降公式。由此不难看出，通过优化技术确定经济出站温度，那么进站温度也是经济的；反之，按照所输介质凝点确定经济进站温度后，根据历年管道运行积累的管道沿线散热情况计算出的上站出站温度也是经济的。

在长输管道的生产成本中，运行费用占有很大比重，直接影响着管道的运行效益。我国大部分油田所产原油属"三高"(高凝点、高黏度、高含蜡)原油，管道输送这些原油时大多采用加热降黏的输送方法，因此输送原油的管道总能耗费用主要体现在输油泵的动力费用和原油加热所耗的热力费用上，输油站的出站温度对管道的动力费用和热力费用的影响很大，因此在原油管道的运行管理过程中，确定经济出站温度是一项重要的管理工作，下面从两个方面讨论如何确定经济出站油温。

### 1. 全线没有节流损失时经济出站油温的确定

当出站温度变化时，管道沿线的黏度及原油在管道流动时所需克服的摩阻随之变化。这时管道运行的理想工况是在经济出站油温下，整个管道不存在节流损失，否则，此经济出站温度就会大打折扣。当管道配有变速电动机时，这种理想工况是可以实现的。没有节流损失的经济出站油温的确定过程如下：在可能的出站油温范围内计算出沿线各出站油温所对应的动力费用及热力费用，然后在直角坐标中做出动力费用和热力费用曲线，这两种曲线相加可得到总能耗费用曲线，如图 3-4-1 所示。

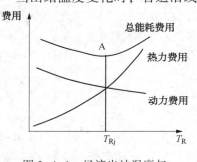

图 3-4-1　经济出站温度与能耗费用的关系

由此不难看出，热力费用随出站温度（$T_R$）的升高而增加，而动力费用则随出站温度的升高而减少。为此我们不能一味地提高出站油温以获得较低的动力费用，往往提高出站油温所节约的动力费用远小于热力费用的增加值，反之亦然。我们所追求的优化方案是在综合考虑动力费用与热力费用的基础上，总能耗费用最低，在图 2-4-1 所示的总能耗费用曲线上最低点 A，它所对应的横坐标就是经济出站温度 $T_{RJ}$。

对于多个输油站组成的密闭管道，影响出站油温的因素较多，各站的经济出站油温也可能不相等，整个计算过程较为复杂，这些问题可以利用计算机技术进行计算。但这里所讲的基本思路是不变的。

### 2. 输油泵无调速装置时经济出站油温的确定

当泵无调速时，各不同进站温度下的油品在管道中流动时所需的压降不一定与输油站所提供的扬程相匹配，可能存在节流，这时确定经济出站油温，从工艺角度来看是非常困难的。简便且行之有效的方法是首先确定没有节流情况下的经济出站油温，方法同上面讲的相同。如果此经济出站油温在管道中的压降正好等于输油站提供的扬程，说明该经济出站油温是我们所希望的结果，这时的运行费用最低，但实际运行中较难实现。如果在该经济出站温度下，输油站存在节流，说明前面所求的总能耗费用不是真实的结果，这时实际总能耗费用应是计算的总能耗费用加上节流所耗的费用。因此，该经济出站油温就不经济了。如果在该温度下，管道压降处在 $n$ 和 $n+1$ 台泵所提供的扬程之间，可有几种方案来弥补由于节流带来的运行费用上升。

（1）方案 1：当输量保持不变时，降低出站温度增加油品在管道中摩阻损失，使其刚好等于 $n+1$ 台泵所提供的扬程。这实际上是用节流的那部分压能弥补油温降低所增加的摩阻损失，使热力费用降低。因而该方案比计算的经济温度下运行 $n+1$ 泵的方案要经济。

（2）方案 2：保持输量不变的情况下运行 $n$ 台泵，提高出站油温，降低管道压力，并使其刚好等于 $n$ 台泵所提供的扬程，这时热力费用上去了，但消除了节流，动力费用下来了。

（3）方案 3：保持出站温度不变，在一定时间内按一定的比例天数交替运行 $n$ 台泵和 $n+1$ 台泵方案，并刚好完成上级下达的总输油任务，这时 $n+1$ 台泵运行时，对应的输油量为

$Q_E$，$n$ 台泵运行时对应的输油量为 $Q_F$，其不同输量运行天数的确定见本节"四、泵机组合理组合方案的确定"。

以上 3 种方案中究竟哪种方案更好，应通过分析比较确定，选择方案时需考虑出站油温的允许范围，如：方案 1 中降低出站温度要考虑下站进站油温是否满足凝点要求；方案 2 中提高出站温度要考虑管道防腐层所允许的温度；方案 3 中 $n$ 和 $n+1$ 台泵交替的天数受首末站罐容量的影响，若罐容量小，交替频繁，造成泵频繁启停。总之，各种方案都有优缺点，要求管理人员在方案比较中要全面考虑，周密确定运行方案。

### 三、管壁积蜡对管道运行方案的影响

当管壁积蜡时，介质流通面积减小，输送能力降低，为保持输量不变就需增加输油泵的扬程，因而动力消耗增加。对于一条设计合理的管道，不会因一有积蜡就会导致完不成任务输量，管道输送能力一般都有一定的余量，允许一段时间内管壁积蜡。待影响输油任务完成时进行清蜡。在管道运行管理过程中，为提高经济效益，避免盲目清蜡，往往需要确定经济清管周期。此时需考虑如下因素：

（1）在一个清管周期的动力费用及热力消耗（一般来说，积蜡层较厚时热阻增加，热力费用降低，动力费用升高）；

（2）清管作业时的总费用，包括清管器的维修、更换费，清管作业费，驱动清管器移动而增加的动力费，清管过程中及清管后增加的热力费用。

将上述两项费用之和折合成每输一吨油所需的费用 $S$，$S$ 最低时所对应的清管周期即为经济清管周期。

对于在低输量下运行的管道，管道存在严重节流时，积蜡层的存在，在某种程度上起到保温作用，减少热力损失及热力费用，而因积蜡层增加而引起的管道摩阻并未增加动力费用，只是利用了节流损失中的部分能量克服所增加的摩阻损失。理想状态是因积蜡而导致的摩阻损失刚使管道处于无节流的运行工况，但这时需注意的是管道是否进入不稳定区。

### 四、泵机组合理组合方案的确定

开式输油管道单站成为一个水利系统，每站输油泵的组合方案独立考虑。每站设置的泵数只有几台，其组合方案较少。而密闭输油管道可全线作为一个水利系统进行泵的组合，方案比开式输油管道多，合理组合方案的确定过程复杂而困难，确定输油泵组合方案时一般使用动态规划的方法，这里不对此做进一步的讨论，只用 3 个简单的例子说明这个问题。

（1）在组合输油泵运行方案时，节流小的方案不一定是最优的，这是因为输油泵效率不同所致（若输油泵效率相同就没了此问题）。例如，在某输量 $Q$ 下，一台泵扬程 $H_1 = 150m$，效率 $\eta_1 = 80\%$，而另一台泵在相同输量下的扬程 $H_2 = 140m$，效率 $\eta_2 = 73\%$。油品以流量 $Q$ 在管道流动时所需克服的压降是 130m，不难看出，这两台泵都能独立完成输油任务，使用第一台泵节流 20%，而使用第二台泵节流 10m，但考虑效率后第一台泵所消耗的功率为：

$$N_1 = \frac{\rho g Q H}{\eta_1} = \frac{150\rho g Q}{80\%} = 187.5\rho g Q$$

第二台泵消耗的功率为：

$$N_2 = \frac{\rho g Q H}{\eta_2} = \frac{140 \rho g Q}{73\%} = 191.8 \rho g Q$$

$N_2 > N_1$，所以尽管第二台泵节流小，但由于其效率低而造成所消耗的功率比第一台泵大。因此，确定输油泵的组合方案时，要综合考虑并以所耗功率最小为目标。

（2）不同地区的电力、燃料价格差对泵的组合方案也有影响。在我国现行的能源政策下，各地区的电力、燃料价格不一，甚至相差较大。输油管道距离长，跨越不同的地区，对于密闭输油管道在安全运行的前提下，电价低的地区可多开泵，燃料价格低的地区可适当提高油温，降低电耗。以最大限度地利用价格差提高经济效益，降低输油成本。从管道系统整体优化来看，能源价格差的利用往往受到限制。

（3）在选择泵的组合方案时，虽然全线作为一个水利系统，但最优方案不一定是可行的，而需要我们在所有可行方案中选取最优的。例如，管道由两个输油站组成，每个站有3台串联泵，假设这6台泵在任务输量下所能提供的压力都是1.5MPa，第二站所有泵效率都比第一站的泵效率高，如果任务输量下所需压头为7.4MPa，因此共需5台泵串联。确定组合方案时很容易得出第一站运行2台泵，第二站运行3台泵费用最少，如果两个站间距基本相等，计算可得第二站的进站压力大约为-0.75MPa，而泵的入口真空表压为-0.1MPa，第二站根本无法正常工作，这时只能选择第一站3台泵运行，第二站2台泵运行，虽不是最优的，但是可行的。在对密闭输送管道进行优化时还受到出站压力的限制，在此就不举例说明了。

## 五、热油管道的间歇输送

随着油田原油产量的下降或流向的调整，管道的输量在低输量下甚至在超低输量下运行，其热力条件恶化，管道的运行安全及效益受到不利影响。加剂综合处理虽可降凝、降黏，改善原油低温流动性，但输量低至一定程度时，管中流动的原油温度急剧下降，要求的降凝幅度加大，这时可能出现两个问题：一是加剂量太大，影响管道经济效益；二是降凝幅度受到限制，难以达到管输要求。我们知道，增大输量可使管道热力条件改善，当一定时间内输油任务确定后，管道的日均输量不能增加，而且即使加剂后还需要正反输的管道，可以采用间歇输送方法增加运行时的输量并改善管道沿线热力条件。如果在低输量下本已存在节流，输量增加后还可部分甚至全部利用原来节流掉的压能损失，提高管道的经济效益。为保证间歇输送的安全性，必须注意以下问题：

（1）准确掌握沿线土壤地温及传热规律，正确确定停输时间。

（2）与加降凝剂措施充分配合，这样不仅可以改善原油的低温流动性，也可改善原来的停输再启动条件。

（3）考虑重复加热对加剂综合处理原油黏度、凝点和屈服值的影响。

（4）再启动后的管道运行，管道启动后运行参数有一个缓慢变化过程，即输量下降、管压上升，然后趋于平稳，在此期间需密切观察防止事故发生。当输量下降、管压上升现象不严重时，可以继续运行并注意观察参数变化。情况严重时需进行处理，基本措施是升温、提压，在热力越站运行时，必须启动停运的加热炉，保持原定的原油出站温度，在管压允许的范围内，提高出站压力，以保持或加大排量。

# 第五节　节能技术与措施

中国石油管道公司在不断加强耗能管理的同时，不断通过实地考察调研，应用推广节能新技术、节能新设备以达到节能减排的目的。本节就实际应用推广中节能效果较好的设备和技术进行简要介绍。

## 一、液流热能发生器

### 1. 工作原理

液流热能发生器的工作原理是将动能转化为热能，用水泵把供热管网中的水（最初都是自来水）加压至 $8kg/cm^2$，由液流热能发生器的进水口进入核心组件，在压力的作用下使之产生高速旋转运动，随后进入减压区形成断流，并生成蒸汽、气、水混合的微小气泡。携带微小气泡的高速运动的水流进入高压区，在压力作用下，微汽泡消失，蒸汽凝结，气体压缩，原微气泡中心的温度急剧上升。液体在液流热能发生器中，由于速度与压力的变化，产生空穴效应，在旋转运动中被加热，而无须使用任何电加热元件。这一装置利用了高速旋转的流体及其所生成的"微气泡"破裂后能量释放的机理，实现了电能、机械能与热能之间的转换，电热效率可达 $96\% \sim 98\%$。

### 2. 优点

相对于锅炉采暖，热流热能发生器具有以下优点：

（1）绿色环保。占地面积小，移动灵活，可作为移动式锅炉房使用，施工周期短，不需要燃煤、燃油、燃气，不需要水处理，不存在污染，可实现零排放。

（2）应用方便，易于实现自动化。针对不同的应用场合，在不同的环境温度下，根据取暖面积的大小，可以选择不同规格组合，运行费用、所需的制热量控制准确，可实现恒温、恒压、定时控制、可实现无人值守，也可以提供遥感、遥测、遥控、遥讯、遥视、人机界面控制。

（3）无需对水质进行软化处理，系统不结垢，降低运行费用和设备维修费用。

因此，热流发生器可广泛应用于民用住宅、企事业单位的采暖及热水供应、室内游泳池用水、工业用水及化学液体的直接加热；由于对水质无要求，不需要任何水处理及化验设备，避免了对环境的二次污染；特别适用于野战部队、边防哨所、偏远地区及野外作业采暖、洗浴及供热水、加油站、原油集输站、燃气集输站、可移动式锅炉房、酒店、别墅等高危险场所的供热水供暖工程。

### 3. 液流热能发生器控制系统

液流热能发生装置的功率单元为低压矢量控制型变频器，柜体为型材框架结构，内设温度自动调节环节，以满足环境要求。

控制系统具有自检、保护功能，可实现过流、过压、缺相、过载等保护和软启动功能，确保电动机及电网正常工作。

系统具有通信功能，可通过通信接口连接形成网络或工作站系统，以便随时检查、设置工况。

系统具备软启动功能，软启动功能采用自补偿切换技术，系统电气及机械冲击小，能显著延长电控制元件及水泵的寿命，同时将切换时的压力波动控制得更小。

系统具备故障诊断功能，检测变频器故障、判断传感器是否断路、短路或故障，并自动报警。

4. 应用案例

中国石油管道公司西安输油气分公司咸阳站安装了两台 YLR-45 液流热能发生器(一备一用或双用)，主要对 $714m^2$ 的职工宿舍和 $45m^2$ 的保安值班室供热。根据现场实际情况，两台热能发生器安装在深井泵房，并为其配备了相应的电缆和供水管线等设施。

每台设备占地约 $1m^2$(长 1.6m，宽 0.64m)，控制柜占地 $1m^2$，两台设备连同电脑控制系统共占地约 $3m^2$，同时，根据现场实际情况要求厂家为设备新增加泵出口压力检测报警装置、电量计量装置、补水箱和部分随机配件，每台设备投资 19.5 万元，总投资 39 万元。

该套取暖设施自 2013 年 1 月 15 日到 3 月 6 日期间投入使用，共计使用 50 天。期间环境温度约在 0℃上下，员工宿舍室温能达到 20℃以上，设备基本一台启动，一台备用，期间耗电总量为 18200kW·h，消耗资金约为 0.72 元/(kW·h)×18200kW·h = 13104 元。

同期，西安输油气分公司渭南输油站使用一台 120kW 燃油常压热水锅炉为办公楼和公寓取暖(采暖面积与襄阳站相当)，该炉运行时热水出炉温度达到设定值后自动停止运行，温度降到设定值后自动启动，每天运行约 19h，供暖面积约为 $800m^2$，期间环境温度约在 1℃上下，员工宿舍室温能也达到 20℃以上，共外购柴油两次，耗油约 9.6t，消耗资金 9000 元/t×9.6t = 86400 元。

针对两种取暖设备的后期的使用，对比如下：

(1) 运行成本，液流热能发生器使用 50 天耗电 18200kW·h，消耗资金约为 13000 元，同期 50 天燃油锅炉共耗油 9.6t，消耗资金约 86000 元，在几乎相同条件下，使用液流热能发生器所需成本为燃油锅炉的约 1/6。

(2) 液流热能发生器环保无污染、低碳、高效节能，换热器用电驱动，实现了零排放；而锅炉采用柴油驱动，存在废气排放，对周围空气造成污染，使用液流热能发生器节约了大量的宝贵的柴油资源；同时，每台液流热能发生器设备通过降噪措施(被罩在铁皮降噪箱内)噪声较小，在可接受范围以内。

(3) 液流热能发生器体积和占地面积较小、结构简单、安装方便，在进入正常使用后几乎免维护，只需定期维护保养水泵电动机的轴承、水泵机械密封及电控柜的低压电器等，降低了维修强度和成本；而燃油锅炉需要定期进行维护保养检修，增加了劳动强度。

(4) 液流热能发生器系统不结垢、无须进行水处理，管理方便；而使用燃油锅炉需要进行软化水处理，定期对水质进行化验。

(5) 使用简单方便。采用微电脑控制技术，液流热能发生器出口温度可根据需要自动调节，温度范围 0~90℃。出口温度设定为上限值和下限值。当液流热能发生器内被测介质温度值高于上限设定值时，液流热能发生器自动停止运行，保持一段时间；当液流热能发生器内被测介质温度值低于下限设定值时，液流热能发生器自动运行，实现无人值守，启动后不需人员操作；而采用燃油锅炉还需外购运输储存柴油，柴油在使用中风险也较大。

## 二、天然气管线在线排污技术

1. 天然气站场排污现状

目前，天然气站场排污系统设计为双阀系统，即上游球阀和下游阀套式排污阀；采用离线排污，排污前需通过放空系统将设备内压力降至 1.0MPa 左右，再全开排污球阀，通过阀套式排污阀控制排污速度进行排污。大量的天然气排放到大气中，既污染环境，又浪费资源。设备无旁通或备用支路时，离线排污作业影响下游用户供气。每次排污作业须操作至少 6 个阀门，需要 10min 才能完成。阀门的频繁开关操作易造成阀门内漏，且操作复杂，存在风险。而天然气管线在线排污技术即减少天然气放空损失，又保证平稳供气和设备安全运行。

2. 在线排污装置原理及构成

在线排污装置的原理是依据孔板的节流效果来降低天然气的压力从而达到排污作业时排污阀前面的压力小于 0.5MPa 的要求（图 3-5-1）。

在线排污装置主要由串联连接的两个孔板、球阀（利旧）、排污阀、压力表等组成。

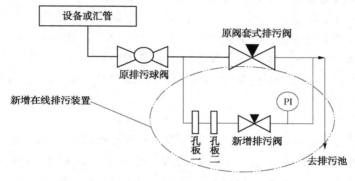

图 3-5-1　在线排污装置原理图

3. 应用案例

中国石油管道公司中原输油气分公司对 17 路排污管线进行了在线排污改造，并进行在线排污管线现场测试，通过测试确认改造支路可实现运行设备的在线排污操作。并具备以下优点：

（1）减少天然气放空量。通过在线排污操作可排出设备中所存在的杂质，减少设备离线排污所放空掉的天然气量。

（2）汇管在线排污减少用户停气次数。进行在线排污改造后，汇管无须停气即可定期排污操作，这样可减少甚至消除因汇管排污造成用户供气中断的次数。

（3）简化排污操作，在线排污时只需操作 2 个阀门，减少了阀门操作数量，节省了排污时间。

但在线排污管线由于排污装置的孔板孔径较小，管线清管作业过程中杂质较多易造成孔板堵塞，为避免杂质堵塞在线排污装置，需明确排污操作实施条件，即清管作业结束后方可采用在线排污系统进行排污。若发生堵塞，通过排污无法解除堵塞时，可关闭排污系统上游排污球阀，并进行锁定，拆卸节流孔板清理杂质或污物，方能解除堵塞。

### 三、炉体陶瓷涂层技术

加热炉和锅炉在使用过程中，炉体受热面管道材料和耐火材料的物理化学特性，直接影响到炉子的传热效率、加热能力和安全环保性能。受热面氧化和沾污结渣会使表面发射率（黑度）下降、导热热阻增大，造成炉热效率下降、负荷能力不足、炉膛温度水平过高、受热面局部超温、氮氧化物（$NO_x$，主要是热力氮）排放增加等一系列安全、节能、产能和环保等方面的问题。

1. RSI 陶瓷涂层技术原理

RSI 陶瓷涂层技术最初应用于航天器实施穿越大气层的热保护，之后拓展至军事和民用工业应用。迄今历经了保护性涂层、红外高发射率涂层和全波段高发射率、保护性和多功能复合涂层三代技术。

新一代 RSI 陶瓷涂层是一种以稀土氧化物或钛合金化合物为主要原料的无毒水基涂料，将全波段、高发射率、保护性（防腐蚀耐磨损）和抗沾污结渣等多功能集于一身，又被称为保护性高发射率多功能复合稀土纳米陶瓷涂层。

通过在炉体辐射受热面金属和非金属基质表面喷涂 0.05～0.1mm 厚的 RSI 陶瓷涂料，升温变性后形成陶瓷涂层薄膜，可大幅度提高基质材料表面发射率（或吸收率）、强化辐射换热，防止基质材料的磨损、氧化和腐蚀，降低材料表面能以有效控制沾污结渣，进而提高炉的热效率和生产能力、增加使用寿命、减少有害气体（$NO_x$）排放，提升设备的安全性和可靠性。

2. 应用案例

中国石油管道公司长春输油气分公司梨树站 301# 和 302# 热媒炉均为 KML-Ⅲ型，且额定热负荷也均为 4650kW，都采用意大利 T60MEGND 型双燃料分体式燃烧机。梨树站在 2013 年夏季进行热媒炉大修时，对 301# 热媒炉炉管表面喷涂 RSI 稀土纳米陶瓷涂层，进行节能涂层应用试验，并于 2013 年 9 月投运。

截至 2014 年 6 月，301# 热媒炉大修后已经运行 9 个月，为了解 RSI 稀土纳米陶瓷涂层对热媒炉换热效率及节能效果的影响，对 301# 热媒炉进行热工测试，并与同样工况下运行的 302# 热媒炉热工测试结果进行对比。对比结果见表 3-5-1。

表 3-5-1　301# 和 302# 热媒炉测试结果对比

| 燃烧负荷率 | | 炉膛温度（℃） | 炉体表面平均温度（℃） | 燃气量（$m^3/h$） | 有效热量（MJ） | 热效率（%） | | 节能率（%） |
|---|---|---|---|---|---|---|---|---|
| | | | | | | 正平衡 | 提高值 | |
| 60%燃烧负荷 | 301# | 643 | 53.2 | 330.8 | 9964.7 | 90.98 | 3.51 | 4.01 |
| | 302# | 689 | 43.9 | 330.1 | 9560.5 | 87.47 | | |
| 80%燃烧负荷 | 301# | 718 | 54.3 | 434.4 | 13220.8 | 91.92 | 3.75 | 4.25 |
| | 302# | 766 | 49.4 | 436.0 | 12728.3 | 88.17 | | |

通过 301# 和 302# 加热炉测试结果对照，可以看出在喷节能涂料 9 个月后，301# 热媒炉的热效率比 302# 热媒炉分别提高了 3.51% 和 3.75%，对应节能率分别提高了 4.01% 和 4.25%。由此可见，RSI 稀土纳米陶瓷涂层在热媒炉上具有一定的节能效果。

## 四、变频"一拖二"技术

### 1. 变频器的基本原理

变频器是应用变频技术与微电子技术，通过改变电动机工作电源频率方式来控制交流电动机的电力控制设备。变频器主要由整流（交流变直流）、滤波、逆变（直流变交流）、制动单元、驱动单元、检测单元微处理单元等组成。变频器靠内部 IGBT 的开断来调整输出电源的电压和频率，根据电动机的实际需要来提供其所需要的电源电压，进而达到节能和调速的目的；另外，变频器还有很多的保护功能，如过流、过压和过载保护等。随着工业自动化程度的不断提高，变频器也得到了非常广泛的应用。

主电路是给异步电动机提供调压调频电源的电力变换部分，变频器的主电路大体上可分为两类：电压型是将电压源的直流变换为交流的变频器，直流回路的滤波是电容。电流型是将电流源的直流变换为交流的变频器，其直流回路滤波是电感。它由三部分构成，将工频电源变换为直流功率的"整流器"，吸收在变流器和逆变器产生的电压脉动"平波回路"。

整流器大量使用的是二极管的变流器，它把工频电源变换为直流电源。也可用两组晶体管变流器构成可逆变流器，由于其功率方向可逆，可以进行再生运转。

平波回路：在整流器整流后的直流电压中，含有电源 6 倍频率的脉动电压；此外，逆变器产生的脉动电流也使直流电压变动。为了抑制电压波动，采用电感和电容吸收脉动电压（电流）。装置容量小时，如果电源和主电路构成器件有余量，可以省去电感采用简单的平波回路。

逆变器：同整流器相反，逆变器是将直流功率变换为所要求频率的交流功率，以所确定的时间使 6 个开关器件导通、关断就可以得到三相交流输出。以电压型 pwm 逆变器为例示出开关时间和电压波形。

控制电路是给异步电动机供电（电压、频率可调）的主电路提供控制信号的回路，它由频率、电压的"运算电路"，主电路的"电压、电流检测电路"，电动机的"速度检测电路"，将运算电路的控制信号进行放大的"驱动电路"，以及逆变器和电动机的"保护电路"组成。

（1）运算电路：将外部的速度、转矩等指令同检测电路的电流、电压信号进行比较运算，决定逆变器的输出电压、频率。

（2）电压、电流检测电路：与主回路电位隔离检测电压、电流等。

（3）驱动电路：驱动主电路器件的电路。它与控制电路隔离使主电路器件导通、关断。

（4）速度检测电路：以装在异步电动机轴机上的速度检测器（tg，plg 等）的信号为速度信号，送入运算回路，根据指令和运算可使电动机按指令速度运转。

（5）保护电路：检测主电路的电压、电流等，当发生过载或过电压等异常时，可防止逆变器和异步电动机损坏。

变频器节能主要表现在风机、泵的应用上。为了保证生产的可靠性，各种生产机械在设计配用动力驱动时，都留有一定的富余量。当电动机不能在满负荷下运行时，除达到动力驱动要求外，多余的力矩增加了有功功率的消耗，造成电能的浪费。风机、泵类等设备传统的调速方法是通过调节入口或出口的挡板、阀门开度来调节给风量和给水量，其输入功率大，且大量的能源消耗在挡板、阀门的截流过程中。当使用变频调速时，如果流量要求减小，通过降低泵或风机的转速即可满足要求。

电动机使用变频器的作用就是为了调速，并降低启动电流。为了产生可变的电压和频率，该设备首先要把电源的交流电变换为直流电（DC），这个过程叫整流。把直流电（DC）变换为交流电（AC）的装置，其科学术语为"inverter"（逆变器）。一般逆变器是把直流电源逆变为一定的固定频率和一定电压的逆变电源。对于逆变为频率可调、电压可调的逆变器我们称为变频器。变频器输出的波形是模拟正弦波，主要是用在三相异步电动机调速用，又叫变频调速器。对于主要用在仪器仪表的检测设备中的波形要求较高的可变频率逆变器，要对波形进行整理，可以输出标准的正弦波，叫变频电源。一般变频电源是变频器价格的 15～20 倍。由于变频器设备中产生变化的电压或频率的主要装置叫"inverter"，故该产品本身就被命名为"inverter"，即：变频器。

变频不是到处可以省电，有不少场合用变频并不一定能省电。作为电子电路，变频器本身也要耗电（约为额定功率的 3%～5%）。一台 1.5 匹（3500W）的空调自身耗电算下来也有 20～30W，相当于一盏长明灯。变频器在工频下运行，具有节电功能，是事实。但是其前提条件是：第一，大功率并且为风机/泵类负载；第二，装置本身具有节电功能（软件支持）。这是体现节电效果的两个条件。除此之外，无所谓节不节电，没有什么意义。

2. 应用案例

中国石油管道公司大庆输油气分公司太阳升输油站一拖二变频系统于 2014 年 1 月 16 日正式投产运行。采用 1 套 PF7000 变频器实现对 B2511# 和 B2512# 两套注入泵机组的同步切换，实现一拖二变频控制。变频器在同一时刻只能驱动一台电动机，主要用于以下工作模式：

（1）变频器调速运行，以满足工艺控制的要求。

（2）同步切换功能，根据工艺系统要求，将变频运行中的泵切换至工频，也可将工频运行中的泵切换到变频运行状态。

（3）可实现将 1# 泵变频启动切换到工频运行后，再将 2# 泵变频启动，实现"一拖二"控制功能。

变频与工频耗电情况对比：因耗电与运行工况相关，所以选运行工况比较相近两天进行耗电对比，对比情况见表 3-5-2。

表 3-5-2　变频与工频耗电情况对比

| 运行方式 | 进站压力（MPa） | 出站压力（MPa） | 运行时间（h） | 耗电量（kW·h） |
| --- | --- | --- | --- | --- |
| 工频运行 | 2.79 | 2.69 | 24 | 20940 |
| 变频运行 | 2.78 | 2.70 | 24 | 14680 |
| 对比结果 | 0.01 | -0.01 | 0 | 6260 |

对比结论：变频运行比工频运行每天节电大约 6000kW·h 左右。

## 五、LED 照明

中国石油管道公司西安输油气分公司咸阳输油站泵棚区更换了 4 套型号为 BTLC-96A 的新型 LED 节能防爆灯，取代原防爆高压气体灯进行运行试验，经过 6 个月的运行，于 2012 年 6 月 18 日对试验产品进行综合测试，两种产品的对比测试结果报告见表 3-5-3 和表 3-5-4。

表 3-5-3  防爆气体灯与 LED 防爆灯主要参数和性能对比

| 测试项目 | 防爆气体灯 | LED 防爆灯 |
|---|---|---|
| 型　号 | 250W 气体灯 | BTLC-96A |
| 功　率 | 250W | 96W |
| 防爆等级 | ⅡB 级 | ⅡC 级 |
| 供电电压 | 220V | 24V |
| 外壳温度 | T4 等级，壳体温度 200℃ | T6 等级，壳体温度 55℃ |
| 供电方式 | 市电交流供电，有频闪，视觉效果差 | 市电交变直低压供电，无频闪，视觉效果好 |
| 实测照度 | 半年前实测照度 48lx；现实测照度 48lx | 半年前实测照度 118lx；现实测照度 118lx |
| 视觉亮度 | 亮度暗，光色差，设备操作台现场不清晰，灯光有黄有青，不均匀 | 现场光线好，颜色一致性好，视物清晰，颜色偏白、纯正均匀 |
| 维护检修 | 其他 2 盏防爆气体灯从对比测试开始后，6 个月中平均每个灯具更换二次灯泡，维护量大，安全性差 | 新安装的 4 盏节能防爆 LED 灯安装 6 个月运行正常，灯内干净清洁 |

表 3-5-4  石油石化行业照度标准和现场测试对比表

| 名称 | | 标准照度（lx） | 照度计算点 | 防爆气体灯现场实际测试照度(lx) | | LED 灯现场测试照度(lx) |
|---|---|---|---|---|---|---|
| | | | | 最高照度 | 最底照度 | |
| 泵房 | | 100~150 | 据地面 0.8m 水平面 | 48 | 18 | 118 |
| 炉区、塔区、框架区 | | 20~50 | 据地面 0.8m 水平面 | 15 | 5 | 未安装 |
| 操作平台 | | 40~75 | 据地面 0.8m 水平面 | 35 | 20 | |
| 罐区 | 操作区 | 20~30 | 地面 | 15 | 5 | |
| | 非操作区 | 5~10 | 地面 | 8 | 0 | 12 |
| 道路 | 主干道 | 10~20 | 地面 | 10 | 2 | 未安装 |
| | 次干道、通道 | 3~10 | 地面 | 5 | 0 | |

可以看出，经照明亮度测试，原防爆气体灯现场照明亮度不能满足石油石化行业照度标准，而 LED 灯完全达标。

1. 节能成本与投资成本分析

改造投资与成本、效益分析(以西安分公司 300 盏 400W 气体防爆灯具计算，400W 气体防爆灯具可以更换成 120W 的 LED 照明灯具)见表 3-5-5。

表 3-5-5  节能成本分析

| 灯具类型 | 400W 气体放电灯 | 120WLED 灯具 |
|---|---|---|
| 光源功率（W） | 400 | 120 |
| 整灯功率（包括灯泡和整流器等综合耗电）（W） | 530 | 144 |

续表

| 灯具类型 | 400W 气体放电灯 | 120WLED 灯具 |
|---|---|---|
| 每年使用电能(按每天点灯 12h 共有 300 只照明灯)(kW·h) | $530 \times 365 \times 12 \times 300 = 69.64 \times 10^4$ | $144 \times 365 \times 12 \times 300 = 18.92 \times 10^4$ |
| 年节约电能(kW·h) | $69.64 - 18.92 = 50.72$ 万 kW·h | |
| 每年使用电费[0.8 元/(kW·h)](万元) | 55.71 | 15.14 |
| 节省电费(万元) | 40.57 | |
| 使用寿命(h) | 5000(说明书标准) | 100000 |
| 每年维护费用(材料成本,6 个月更换两次,每年需更换 4 次) | 200 元×4 次×300 盏 = 24 万元 | LED 为 10 年免维护(其间出现问题由厂家负责免费维修) |
| 每年人工及安全措施成本支出(万元) | 8(约) | 0 |
| 更换 300 盏 LED 灯总投资 | | 1.1 万元×300 = 330 万元 |

新建项目投资和成本、经济分析(以站场常用 400W 气体防爆灯具计算,400W 气体防爆灯具可以更换成 120W 的 LED 照明灯具)见表 3-5-6。

表 3-5-6  投资成本分析

| 灯具类型 | 400W 气体放电灯 | 120W LED 灯具 |
|---|---|---|
| 光源功率(W) | 400 | 120 |
| 整灯功率(包括灯泡和整流器等综合耗电)(W) | 530 | 144 |
| 年使用电能(按每天点灯 12h,共有 300 只照明灯)(kW·h) | $530 \times 365 \times 12 = 2321.4$ | $144 \times 365 \times 12 = 630.7$ |
| 年节约电能(kW·h) | $2321.4 - 630.7 = 1690.7$ | |
| 年使用电费[0.8 元/(kW·h)](万元) | 0.1857 | 0.0504 |
| 节省电费(万元) | 0.1353 | |
| 使用寿命(h) | 5000(说明书标准) | 100000 |
| 年维护费用(材料成本,6 个月更换两次,每年需更换 4 次) | 200 元×4 次 = 0.08 万元 | LED 为 10 年免维护(其间由厂家负责免费维修) |
| 年人工及安全措施成本支出(万元) | 0.0267(约) | 0 |
| 新建灯头总投资(万元) | 0.2 | 1.1 |
| 10 年总体费用综合对比 | $(0.1857 + 0.08 + 0.0237) \times 10 + 0.2 = 3.094$ 万元 | $0.0504 \times 10 + 1.1 = 1.604$ 万元 |
| 新建时采用 LED 灯,10 年的整体节约电量和费用 | 节约电力:$1690.7 \text{kW·h} \times 10 = 1.6907 \times 10^4 \text{kW·h}$ 节约费用:$3.094 - 1.604 = 1.49$ 万元 | |

综上所述,更换 LED 节能灯运行 4.45 年左右,节约的电能和日常维护费用即可收回投资成本。新建时采用 LED 灯,每盏 400W 照明灯运行 10 年可减少用电 $1.69 \times 10^4$ kW·h,节约成本 1.49 万元。

2. 现场使用、安全性和维护量对比

(1)现用的传统防爆气体灯:功耗大、发热量大(气体放电灯温度组 T2—T4)、寿命短、易损坏、维护量大(不定期检查与维修)、现场光色差、显色性低、开灯及瞬时停电再启动时间长、有频闪、照度过低,现场人员作业及维修维护不便,维护维修存在安全隐患,现场使用效果差。

(2) BTLC-96A 防爆灯性能特点:

① 安全系数高。Exd Ⅱ CT6 等级,光色好、显色性高、LED 直流低压无频闪,给现场作业带来很大的便利。

② 稳定性高。发热小、10 万小时寿命长、宽电压输入、高功率因数、瞬间启动、线路更稳定、免维护、免去了原有大量维护维修的工作量。

③ 节能环保。亮度高、功率小、固态光源、无汞铅等重金属、无眩光。

## 六、烟气余热回收

直接炉在运行过程中由于排烟温度较高,烟气会带走一部分热量,会直接影响到加热炉的热效率,增加加热炉的燃料消耗。此外,若是以天然气作为燃料,在燃烧时会产生大量的水蒸气,冬天通过烟囱排出时由于壁温低,水蒸气会在烟囱壁凝结成水,并沿着烟囱壁向下流进加热炉炉膛,不但降低加热炉热效率,对加热炉的安全运行也会产生严重的威胁。

在加热炉尾部安装一台共用的新型复合材料换热器,同时,在供热回水管上加一个取水口,由一台增压泵打入新型复合材料换热器,换热器吸收烟气余热后产生更高温度的热水,送到供热管道给水母管上,供热用户使用。

通过增加余热回收换热器,首先,由于把烟气从加热炉出口就引走,因此即使在冬天,烟气不会在烟囱里冷凝,因而不会再有烟囱上的冷凝水流到炉膛里的可能了,保证了锅炉运行的安全性。其次,通过上述的改造把烟气里面的废热重新吸收来加热水,可供加热储油油罐里的原油使用,有效降低了能源消耗,减少了热量排放损失。

# 第二部分　能源技术管理及相关知识

## 第四章　能源计量管理

能源计量和能源监测、能源审计、能源统计和能源利用状况分析是企业能源管理和节能工作的基础，而能源计量又是能源审计、能源统计和能源利用状况分析的基础。如果企业没有合理配备能源计量器具，能源管理部门就难以获得可靠的能源计量数据，对企业的能源利用状况就难以进行科学的分析和统计，从而无法为企业的能源管理和节能工作提供可靠、准确的指导意见，可能造成企业能源严重浪费，增加生产成本，而且还会带来对环境的污染和破坏。

企业能源计量管理主要涉及 3 个方面：一是合理配置能源计量器具；二是加强对能源计量器具的管理，按时检定和校准，保证其准确性；三是将能源计量器具作为企业能源消耗管理的基础数据，以保证企业能源消耗数据的准确、可靠，做到"心中有数"。为此，企业能源计量管理包括建立组织机构、建立能源管理制度和明确职责等。提倡过程管理，通过计量的量化、跟踪和量化考核，发现工艺缺陷、节能潜力和管理漏洞，及时加以改进提高，促进技术进步，把节能减排、技术挖潜落到实处。

## 第一节　能源计量器具管理

能源计量器具是指为准确计量各种能源、水资源和载能工质消耗量所配备的计量仪表与装置。此处所称能源，指原煤、原油、天然气、电力、重油、成品油（汽油、柴油、煤油）、液化石油气及载能工质（蒸汽、热水等）；资源指外购新鲜水及自备井水。计量器具主要有自用燃料油计量器具、自用天然气计量器具、分级电能表、单机计量电能表及自备水源计量装置等。企业能源计量管理主要包含 3 个方面工作：一是合理配置能源计量器具；二是加强对能源计量器具的管理，按时检定和校准，保证其准确性；三是将能源计量数据作为企业能源消耗管理的基础数据，以保证企业能源消耗数据的准确、可靠，做到"心中有数"。

（1）能源计量器具应实行分级分类管理，建立本单位能源计量器具档案及一览表，一览表中应列出计量器具的名称、规格型号、准确度等级、测量范围、生产厂家、出厂编号、安装使用地点、状态、检定（校准）时间等内容，样表见表4-1-1。

能源计量器具档案应包括使用说明书、出厂合格证、检定（测试、校准）证书等相关资料和信息，并对其进行妥善保管。

（2）根据本单位能源计量器具种类及实际运行情况、使用时间，按照公司规定的各种计量器具检定周期编制能源计量器具检定（校准）计划，见表4-1-1。

表 4-1-1 能源计量器具一览表

GDGS/ZY 73.02-01/JL-01

填报单位：

| 序号 | 计量器具名称 | 规格型号 | 准确度等级 | 测量范围 | 生产厂家 | 出厂编号 | 本单位编号 | 安装使用地点 | 计量分级 | 状态 | 启用日期 | 检定／校准周期 | 最近检定／校准时间 | 备注 |
|---|---|---|---|---|---|---|---|---|---|---|---|---|---|
| | | | | | | | | | | | | | |
| | | | | | | | | | | | | | |
| | | | | | | | | | | | | | |
| | | | | | | | | | | | | | |
| | | | | | | | | | | | | | |
| | | | | | | | | | | | | | |
| | | | | | | | | | | | | | |

填表人：

按照年初制订的计划，送检或校准相关计量器具，对存在问题的计量器具进行维修，对不能满足需要的进行更新，并经检定(校准)合格后进行安装使用。

根据相关标准及公司能源计量器具使用情况，目前规定各种计量器具检定周期如下：

① 公司自用燃料油计量器具检定周期为 1 年；

② 公司自用天然气计量器具检定周期为 6 年；

③ 分级电能表、单机计量电能表可每年随公司电气春检进行检定(校准)；

④ 自备水源计量装置由各单位按要求配备，并实施首次检定管理。

在用的计量器具必须是经过计量检定合格，在检定周期内，检定合格标志清晰，铅封完整。

(3) 根据本单位能耗设备、辅助设施运行情况及计量仪表累计消耗数据，分析判断仪表的运行状况，对偏离数据较大的应分析其原因，对存在问题的计量仪表要进行拆除，更换备用合格仪表，并对问题仪表进行送检、维修。

(4) 供方配备的能源计量器具由供方进行检定、维护、管理，所属各单位对供方配备计量器具的管理、使用情况进行监督。要根据基本用能单元和主要耗能设备单机计量仪表的能耗数据之和，判断供方计量器具运行是否准确，发现问题及时与供方进行沟通、协商解决，要求供方对在线仪表进行更换、送检。

(5) 对更新改造项目及新增用能单元、耗能设备的用能量进行分析，根据能源计量器具的配备要求编制能源计量器具的配备方案，并组织实施。

# 第二节　能源计量器具配备

## 一、用能组织的划分

依据 GB 17167《用能单位能源计量器具配备和管理通则》和 GB/T 20901《石油石化行业能源计量器具配备和管理要求》，根据中国石油天然气集团公司生产经营特点，用能组织分为用能单位、次级用能单位、基本用能单元(或独立用能设备)。

1. 用能单位

具有独立法人地位的企业或具有独立核算能力的地区公司。

2. 次级用能单位

用能单位所属的能源核算单位，在用能单位和基本用能单元之间可以有一级、二级、三级和次级用能单位，也可以没有次级用能单位。

3. 基本用能单元

次级用能单位所属的可单独进行能源计量考核的装置、系统、工序、工段、站队等，或集中管理同类用能设备的车间、工间等，如锅炉房、机泵房。

中国石油天然气集团公司企标 QSY 1212—2009《能源计量器具配备规范》规定管道输送业务基本用能单元为输油站、加热站、泵站、压气站、分输站、清管站、减压站、储气库、混油处理装置等。

根据管道运输企业的特点，管道沿线每个站场(输油站、加热站、泵站、压气站、分输站、清管站、减压站、储气库等)都是独立的能耗计量、核算单位，每个单位所消耗的一级能耗数据均进入管道公司的核算体系，按照上述定义，每个站队即代表用能单位又充当次级用能单位和基本用能单元的角色。在消耗量的计算中，所有购入能源、资源和载能工质（电、天然气、汽柴油、水及蒸汽等）及作为燃料的自用能源（原油、天然气及成品油）均作为一级能源参与公司总能源消耗计算，是公司总消耗量的一部分。

4. 独立用能设备

不能纳入基本用能单元管理的，并且按照 GB/T 20901《石油石化行业能源计量器具配备和管理要求》规定能源消耗达到表 4-2-1 限定值的主要用能设备。

表 4-2-1　主要用能设备能源消耗量（或功率）限定值

| 原油、成品油、液化石油气（t/h） | 重油/渣油（t/h） | 煤气/天然气（m³/h） | 蒸汽/热水（MW） | 水（t/h） | 其他 |
|---|---|---|---|---|---|
| 0.5 | 0.5 | 100 | 7 | 1 | 29.26 |

输入输出各级用能组织（用能单位、次级用能单位、基本用能单元及主要用能设备）的能源、资源及载能工质，包括各级用能组织消耗、流转的能源、资源和载能工质应按照规定配备和使用经依法检定合格的计量器具。除此之外，为了实现能源的分级计量、单独核算及成本分析，按照中国石油天然气集团公司的相关要求，管道公司规定主要耗能设备应单机计量。

## 二、能源计量器具的配备要求

1. 能源计量器具配备率的定义

能源计量器具配备率是指能源计量器具实际安装配备数量占理论需要数量的百分数。

2. 配备率取值范围

（1）能源计量器具实际配备数量指现场已配备安装，技术指标达到配备率要求，且检定/校准符合要求的计量器具数量；

（2）能源计量器具理论需要配备数量是指某一用能组织范围内，能源、资源实现全部计量时所需配备的计量器具数量；

（3）确定理论需要配备数量时，应将各用能设备划入基本用能单元（或列为独立用能设备），明确计量器具承担的计量功能，当计量器具承担多级计量功能时，应分别计入各级用能组织理论需要配备数量；

（4）用于计量事故应急等临时用能的计量器具不计入计量器具理论需要配备数量；

（5）同一计量器具计量多种能源时（如衡器），该计量器具应分别计入每种能源的计量器具理论需要配备数量；

（6）各级用能组织用于监督核查的能源计量器具不计入计量器具理论需要配备数量；

（7）由多个计量器具组合在一起得到一个测量结果时，应按照一套计量器具统计。

3. 配备率要求

由于每个站队既代表用能单位又充当次级用能单位和基本用能单元的角色，在消耗量的计算中，所有购入能源、资源和载能工质（电、天然气、汽柴油、水及蒸汽等）及作为燃料的自用能源（原油、天然气及成品油）均作为一级能源参与公司总能源消耗计算，是公司总消耗量的一部分，其各级计量率为 100%；参与用能单位总能耗量计算的主要用能设备其计量率为 100%，不参与用能单位总能耗量计算的主要用能设备其计量率应达 90% 以上。

能源计量器具的配备应实现能源分级分项统计和核算的要求，代表所属单位消耗总量的各种能源、资源及载能工质(外购、自用、转供)需配备计量器具，其配备率应达 100%。其计算公式为：

$$R_p = \frac{N_s}{N_1} \times 100\% \qquad (4-2-1)$$

式中　$R_p$——能源计量器具配备率,%；

　　　　$N_s$——能源计量器具实际配备数量；

　　　　$N_1$——能源计量器具理论需要数量。

代表所属单位消耗总量的各种能源、资源及载能工质(外购、自用、转供)计量率应达 100%，保证公司能源消耗统计数据的准确性、完整性及可追溯性。计算公式为：

$$Q_p = \frac{M_s}{M_1} \times 100\% \qquad (4-2-2)$$

式中　$Q_p$——能源计量率,%；

　　　　$M_s$——实际配备能源计量器具计量的能源量；

　　　　$M_1$——能源消耗总量。

输油泵、压缩机及加热炉、热媒炉、锅炉(含 4t 及以上)作为公司的主要耗能设备应配备单机计量装置，对于功率较小的加热设备(4t 以下锅炉)应以区域为单元配备合格的能源消耗计量器具。

4. 能源计量仪表精度要求

(1) 燃料油消耗计量仪表的精度等级应不低于 0.5 级；

(2) 天然气消耗量计量仪表配置要求：

① 消耗量大、流量高(额定体积流量 $q_{nV} \geq 500\text{m}^3/\text{h}$) 的天然气计量仪表其精度等级应不低于 1.5 级；

② 消耗量小、流量低(额定体积流量 $q_{nV} < 500\text{m}^3/\text{h}$) 的天然气计量仪表其精度等级应不低于 2 级；

(3) 公司外购电的计量装置由电力部门配备、管理；公司内部电力分级计量的仪表按 GB17167 和 GB/T 20901 要求配备合格的计量装置，其精度不低于 2.0 级；

(4) 外购水源的计量装置由供方按 GB 17167 和 GB/T 20901 要求配备、管理，自备水源的计量装置精度等级不低于 2.5 级；

(5) 外购蒸汽的流量计量器具由供方按 GB/T 20901 要求配备、管理，公司内部自产蒸汽的计量器具精度等级不低于 2.5 级。

# 第五章　节能节水统计与分析

能源和水资源是人类和国民经济赖以生存和发展的物质基础。人类社会发展的历史表明，现代化水平越高，人们对能源和水资源的依赖程度越高。我国是能源和水资源人均占有率很低的国家，为合理用能用水、节约用能用水，国家先后颁布了《中华人民共和国水法》和《中华人民共和国节约能源法》等法律、法规，党的十五届五中全会更是把石油和水资源作为关系我国经济安全和长远发展的"战略资源"。能源和水资源在国民经济中的战略地位，也决定了节能节水统计的重要性。科学地进行能源和水资源的经济管理，无论从宏观还是从微观上，仅有理性认识是不够的，还要有基于大量统计数据上的定量分析。因此，节能节水统计是实现节能节水科学管理和保证国民经济持续快速发展必不可少的一项重要基础工作。

统计工作的基本任务是对国民经济和社会发展情况进行统计调查、统计分析，提供统计资料和统计咨询意见，实行统计监督。节能节水统计是国民经济统计体系中的重要组成部分，同样具有信息、咨询和监督三大职能。所谓信息职能，就是根据科学的统计指标体系和统计调查方法，灵敏、系统地采集、处理、传递、存贮和提供大量以数量描述为基本特征的有关用能用水与节能节水的信息。所谓咨询职能，就是指利用已经掌握的丰富的统计信息资源，运用科学的分析方法和先进的技术手段，深入开展综合分析和专题研究，为企业科学决策和经营管理，提出在用能用水上可供选择的建议和对策。所谓监督职能，就是根据统计调查和统计分析，及时准确地反映企业的能源利用状况，并对其实行全面系统的定量检查、监测和预警，以促进企业用能用水和节能节水工作按照客观规律的要求，持续、稳定、协调地发展。

## 第一节　节能节水统计

### 一、能源消耗统计

能源消耗计算方法可分为两种：一是将能源实物量折算成标准量；二是计算能源消耗费用。

1. 能源实物量折算成标准量方法

前面已介绍各种能源实物量折算成标准煤的计算方法和综合能源消耗量的概念。根据《综合能耗计算通则》（GB/T 2589—2008）及集团公司节能节水统计要求，下面给出了各种能源实物在实际节能统计中常用计算单位、折算标准煤系数，以及综合能源消耗量计算公式。按照表 5-1-1 的能源实物和计量单位、折算标准煤系数，折算出的标准煤计算单位均为吨(t)。

表 5-1-1　常用能源计量单位及折算标准煤系数表

| 能源名称 | 折算吨标准煤系数 | 平均低位发热量 |
| --- | --- | --- |
| 原煤 | 0.7143kg(ce)/kg | 20908kJ/kg |
| 焦炭 | 0.9714kg(ce)/kg | 28435kJ/kg |
| 原油 | 1.4286kg(ce)/kg | 41816kJ/kg |
| 油田天然气 | 1.3300kg(ce)/m³ | 38931kJ/m³ |
| 气田天然气 | 1.2143kg(ce)/m³ | 35544kJ/m³ |
| 电力(当量值) | 0.1229kg(ce)/kg | 3600kJ/(kW·h) |
| 燃料油 | 1.4286kg(ce)/kg | 41816kJ/kg |
| 汽油 | 1.4714kg(ce)/kg | 43070kJ/kg |
| 柴油 | 1.4571kg(ce)/kg | 42652kJ/kg |
| 煤油 | 1.4714kg(ce)/kg | 43070kJ/kg |
| 炼厂干气 | 1.5714kg(ce)/kg | 46055kJ/kg |
| 液化石油气 | 1.7143kg(ce)/kg | 50179kJ/kg |

为响应国家节能减排、以气代油政策，同时实现公司降本增效、减少污染物排放，近年，中国石油管道公司在具备气源条件的站场将加热设备陆续实施了"油改气"工程，能源管理人员需要对加热炉燃油、燃气进行折算，从而掌握加热炉燃油、燃气的流量范围，加热设备的运行状况，燃油、燃气经济对比等基本情况。根据折标准煤系数进行计算，用天然气的折标系数除以原油折标系数，或者用 $1\times10^4m^3$ 天然气的低位发热量除以 1t 原油的低位发热量，得出 $1\times10^4m^3$ 天然气约折合 9.31t 原油，但由于生产燃用的原油和天然气产地、物性不同，实际低位发热量往往和国标采用值相差较大，在实际生产中可以根据实际热值进行油气转换的计算，用 $1\times10^4m^3$ 天然气的实际低位发热量除以 1t 原油的实际低位发热量，可得到 $1\times10^4m^3$ 天然气折原油的吨数，而不能再用标准中的折标系数进行转换。根据目前公司油改气站场燃油和天然气季度样测试结果，$1\times10^4m^3$ 天然气折合原油为 7.4~8.4t。

2. 能源消耗费用计算方法

通过统计计算有关能源消耗费用的指标，可以进一步计算分析能源消耗在企业生产成本中占的比例，以引起企业各级管理者对降低能耗的关注；可以把能源消耗与节约的实物量以价值量方式准确体现出来，作为节能技术项目可行性研究和效益评价的重要依据；可以粗略地知道企业能源消耗的结构变化。

1) 能源单价

报告期内企业消耗的某种能源的单价会因企业购入能源的品质、产地、时期不同而不同。为掌握某种能源的一个概念性的单价，需要进行该种能源的平均价格计算，即：

$$P_d = \frac{\sum_{i=1}^{n}(P_i \times W_i)}{W_i} \tag{5-1-1}$$

式中　$P_d$——某种能源的平均单价；

　　　$P_i$——第 $i$ 批购入该种能源的单价；

　　　$W_i$——消耗的第 $i$ 批该种能源的数量；

$n$——消耗的该种能源的批次。

2）能源费用

能源费用是指报告期内企业消耗的各种能源的价值之和，计算公式为：

$$C = \sum_{i=1}^{n} C_i \qquad (5-1-2)$$

式中　$C$——能源费用，万元；

　　　$C_i$——消耗的第 $i$ 种能源的累计价值，万元；

　　　$n$——消耗各种能源的种类数。

3）综合单价

综合单价是指报告期内企业消耗的各种能源折合为标准煤后，每吨标准煤的平均价格，它等于能源费用与综合能源消耗量的比值。综合单价可以从一个侧面反映企业能耗结构的变化。其计算公式为：

$$P_z = \frac{C}{E} \qquad (5-1-3)$$

式中　$P_z$——能源的综合单价，元/t（标准煤）。

3. 能源消耗统计方法

能源消耗量有两种统计方法：一种简称为购入法；另一种简称为终端法。我们通常采用购入法进行能源消耗量的统计和折算。

1）购入法

购入法就是按购入能源消费（耗）量进行能源消费（耗）统计。依据国家有关能源统计规定，所谓购入能源消费量，是指报告期内企业生产过程中实际消费的本年及本年以前购入的（包括借入和调剂串换）各种一次能源和二次能源，包括产品生产过程中用作原料、材料、燃料动力和工艺的能源；用于加工转换二次能源的消费量；辅助生产系统和附属生产系统消费的能源以及更新改造措施消费、新产品试制消费的能源。一次能源生产企业用于本企业生产方面的自用量（如油气田自用原油和天然气，煤矿自用原煤等）视同购入量，统计在购入能源消费量中。

由于石油石化企业只是对自身能源消耗量进行统计，而不是像国家或地区的能源统计需要考虑能源消费的整体平衡问题，所以结合石油石化企业的具体情况，对上述购入能源消费量的含义调整如下：

购入能源消耗量，是指报告期内企业生产过程中实际消费的本年及本年以前购入的各种一次能源和二次能源，包括产品生产过程中用作燃料动力、材料和生产非能源产品的原料，以及工艺用能；辅助生产系统和附属生产系统消耗的能源以及更新改造措施消耗、新产品试制消耗的能源。油气田企业在生产中自用和损耗的原油和天然气，长输管道企业在生产中自用和损耗的原油和天然气，炼化企业原油加工损失量和入库成品油自用量，均视同购入量，统计在购入能源消耗量中。

购入能源消耗量不包括：

（1）自产自用的二次能源。如企业自备热电厂生产的电力和热力，如果企业全部自用，这部分电力和热力就不包括在购入能源消耗量中，而只计算发电制热时投入的能源（如原煤、燃料油等），否则会造成企业能源消耗量的重复计算。

（2）各种余热、可燃性气体等余能的回收利用量。目前，我国余能还没有得到充分利用，为鼓励企业充分利用余能资源，因此规定各种余能的回收利用量不作消耗统计。

（3）生活用能。生活用能指企业附属生产以外的职工和居民生活用能。由于企业办社会的历史原因，目前还需要完善能源计量仪表，企业才能做到把生活目的用能与生产目的用能严格区分开来，分别计量，分别考核。

2）终端法

依据国家有关能源统计规定，终端能源消费量是指报告期内国民经济各产业和生活消费的各种能源数量。不包括用于加工转换的投入量、加工转换的损失量和能源的生产、输送、储存过程中发生的经营管理损失以及由于自然灾害等客观原因造成的损失量。

同购入法一样，在这里也把终端消费量界定在终端消耗量上，即各石油石化企业最终直接用于"做功"的能源消耗量。在石油石化企业引入终端能源消耗量的概念，主要是考虑到企业存在自发电和制热，并且在服务业和主业之间有电力和热力的转供。特别是一些服务企业发电后供给主业使用，从购入能源消耗量角度上看，这些企业是卖电而不是购入电，或者是叫负的购入，而实际上这些企业从终端角度来看，也消耗电力。即使部分企业自发电和制热全部自用，其从终端用电、用热角度来看，消耗的电、热仍然是大于购入消耗量的。所以终端能源消耗量实际上也是反映企业生产直接需要哪种能源实物。对于电力和热力的终端消耗量可以这样计算，即终端消耗量等于购入消耗量加上自产量（如果企业总体上是卖出电、热，则购入消耗量为负数）。

4. 节能统计指标

不同企业的规模、生产经营业务和能源消耗结构不尽相同，能源消耗总量也不相同，因此能源消耗总量不能反映一个企业的能源消耗水平。而单位能源消耗量（又称为能源单耗或单耗）把能源消耗量与消耗这些能源所完成的产品产量（工作量或者产值、增加值）联系起来，使同种生产经营业务的能源消耗水平具有了可比性。管道企业的单耗指标分为单位工作量（油气周转量）能耗和单位价值量（分为产值和增加值）能耗。其中单位工作量能耗一般用于同一企业或不同企业输送相同介质生产经营业务能耗水平比较，单位价值量能耗一般用于不同企业总体能耗水平比较。

1）单位工作量能耗

单位工作量能耗按式（5-1-4）计算：

$$e_W = \frac{E_i}{W} \tag{5-1-4}$$

式中　$e_W$——单位工作量实物（综合）能耗；

　　　$E_i$——某种（或综合）能源消耗量；

　　　$W$——工作量。

管道企业主要单位工作量能耗指标：

（1）输油周转量油单耗；

（2）输油（输气）周转量电单耗；

（3）输油（输气）周转量综合单耗；

（4）输气周转量气单耗。

2）单位价值量能耗

单位价值量能耗按式（5-1-5）计算：

$$e_p = \frac{E_i}{P} \tag{5-1-5}$$

式中　$e_p$——单位价值量实物（综合）能耗；

$\quad\quad E_i$——某种（或综合）能源消耗量；

$\quad\quad P$——价值量，万元。

（1）主要单位工作量能耗指标。

① 万元增加值综合能耗。万元增加值综合能耗是企业综合能耗折标煤与企业增加值的比值。

② 万元工业产值生产能耗。万元工业产值生产能耗是企业工业生产综合能耗折标煤与工业产值的比值。

（2）有关增加值和工业产值说明。

增加值是企业在生产经营过程中新增加的价值，等于总产出的价值扣除中间投入价值后的余额，增加值是考核国民经济各部门生产成果的代表性指标，并作为分析产业结构和计算经济效益指标的重要依据。国民生产总值即 GDP 就是由增加值构成。

工业产值计算采用的价格有两种，即不变价格和现行价格。不变价格是指在计算不同时期的产值时，采用同一时期的工业产品出厂价格，又称"固定价格"。采用不变价格计算产值，主要是用以消除不同时期价格变动的影响，以保证计算工业发展速度时具有可比性。新中国成立以来，我国已编制过 5 次工业产品不变价格（即 1952 年、1957 年、1970 年、1980 年和 1990 年不变价格），目前采用的是 1990 年不变价格。

中国石油管道公司能源管理人员不直接计算增加值和工业产值，需要时需向财务管理人员索要，具体由财务部门负责提供。由于管道企业不属于工业，产值不算作工业产值，从而采用万元增加值综合能耗这一指标。

5. 节能量计算方法

在实际能源节约统计中，常用节能量的具体计算方法有环比法、定额法和技措法。但是用几种方法计算出节能量相加得出总节能量的做法是错误的。以上方法只能独立使用，不能同时多种方法共用。

1）环比法

环比法是以报告期的单耗与基准期的单耗相比较计算出的节能量，而基准期的单耗是滚动的，即上一年的报告期是本年的基准期，本年的报告期又是下一年的基准期，所以说环比法计算的节能量也是自己与自己纵向比较的节能量，是相对严格的节能量，这个节能量包含了从报告期内所采取的技术措施和管理措施两方面工作，是相对于基准期的综合节能成果。由于管道企业的能源消耗量受输油气计划、流向、输送方案及气候变化等多种因素影响较大，多数情况存在纵向不可比性，目前管道板块采用基准值法计算节能量，即每年底根据预测的下年输油气计划，初步编制对应的运行方案，测算年度能源消耗量、工作量（输油气周转量）及综合单耗，并以此单耗作为下年度的基准值计算节能量，该法也叫基准值法。

2）定额法

定额法是以报告期的单耗与一个相对固定的定额单耗相比较计算出的节能量。当这个相对固定的定额单耗是行业(专业系统)内公认的数据时，定额法计算的节能量基本上是一种横向比较的节能量，表述的是本企业报告期单耗与行业(专业系统)内同种生产经营业务能耗水平比较结果；当这个相对固定的定额单耗仅是本企业自己认可时，定额法计算的节能量实际上是本企业报告期的单耗与自己确定的计划目标比较的结果。由于作为基准的定额单耗先进与否直接关系到节能量的计算结果，所以尽管定额法计算的节能量也包含了企业技术措施和管理措施两方面工作成果，但没有环比法计算结果来得严格准确。

3) 技措法

技措法计算的节能量是耗能设备或系统采取节能技术措施前、后能耗水平的比较，表述的是节能技术项目的成果。石油石化企业技术措施直接节能量是企业节能工作成果的直接反映，根据技术措施的不同特点及计算依据的不同，采用以下 3 种方法进行计算、分析：

(1) 以单耗降低为依据计算节能量。

$$\Delta E = (e_q - e_h) G_h \tag{5-1-6}$$

式中　$e_q$——技术措施前单耗；

　　　$e_h$——技术措施后单耗；

　　　$G_h$——技术措施后的产量、工作量。

(2) 以效率提高为依据计算节能量。

$$\Delta E = E_h \left( \frac{\eta_h}{\eta_q} - 1 \right) \tag{5-1-7}$$

式中　$E_h$——技术措施后能耗量；

　　　$\eta_h$——技术措施后效率；

　　　$\eta_q$——技术措施前效率。

(3) 以合理节能率为依据计算节能量。

$$\Delta E = \varepsilon \times \frac{E_h}{1 - \varepsilon} \tag{5-1-8}$$

式中　$\varepsilon$——节能率。

以合理节能率为依据计算节能量，实际上是依据某项节能措施在"点"上应用后，通过测试计算得到一个合理的节能率，在"面"上扩大该项措施应用，将取得的节能效果。

## 二、节水统计

石油石化企业节水统计包括用水与节水统计、单位(产值、增加值、产品产量、工作量)用水统计、用水效率统计和节水技术措施情况统计等。节水统计与节能统计相类似，即统计指标分类为总量指标、单位消耗量指标、效率指标和节约效果指标，因此，本节重点介绍节水统计指标的概念和统计计算方法，而对指标分类的作用和意义不再阐述。

1. 节水统计术语

1) 新鲜水取水量

新鲜水取水量是指企业取自各种水源的新鲜水量，包括企业直接取自地表和地下的新鲜水量，城市自来水公司供入的新鲜水量，外企业转供给本企业的新鲜水量，从外企业购入的蒸汽和化学水量等。

2）新鲜水用量

新鲜水用量是指企业新鲜水取水量中，扣除外供给其他企业的新鲜水量、蒸汽和化学水量。它是企业取自任何水源被第一次利用的水量。

3）用水量（或总用水量）

用水量（总用水量）是指企业新鲜水用量与重复用水量之和。

4）重复用水量

重复用水量是指企业循环用水量和串联用水量之和。它包括本企业利用的外企业循环和串联系统中的水。

5）循环用水量

循环用水量是指企业在确定的系统内，生产过程已用过的水无须处理或经过处理再用于原系统代替新鲜水的水量。常见的循环水系统是用于冷却设备、工艺介质或产品的间接循环冷却水系统。

6）串联用水量或串级用水量

串联用水量或串级用水量是指企业在确定的系统内，生产过程中的排水，不经处理或经处理后，被另一个系统利用的水量。它包括加工制造等生产单位的工艺水回用量、热力管网系统的蒸汽冷凝水回收量以及生活系统串级用水量或串联用水量。

7）耗水量

耗水量是指企业不能直接回收利用的水量，是由蒸发、飞散、渗漏、风吹、污泥带走等途径直接消耗的各种水量和直接进入产品中的水量及生活饮用水量的总和。

8）排水量

排水量是指企业在完成全部生产过程（或生活使用）之后最终排出生产（或生活）系统之外的水量。

同一报告期的耗水量与排水量之和等于新鲜水用量。

9）新鲜水平均单价

新鲜水平均单价是指企业用于新鲜水消耗的费用和新鲜水用量的比值，新鲜水消耗费用包括取水费用和制水费用。一般可按式（5-1-9）计算：

$$P_w = \frac{\sum\limits_{i=1}^{n} C_{wi}}{\sum\limits_{i=1}^{n} V_{fi}} \tag{5-1-9}$$

式中　$P_w$——新鲜水平均单价，元/$m^3$；

　　　$C_{wi}$——第 $i$ 种新鲜水消耗的费用，万元；

　　　$V_{fi}$——第 $i$ 种新鲜水的用量，$10^4 m^3$。

2. 用水效率统计

石油石化企业主要用水效率指标有重复利用率、新水利用系数、排水率和漏溢率等，这些指标通常是企业通过水平衡测试计算出来。需要注意的是，企业如果采取年度统计数据进行水的重复利用率计算时，子项和母项数据一定要对应，或者说企业应该重复利用的水才作为重复利用率计算的基础数据。

另外，从企业内部供水经营管理角度来说，用水效率还有两项主要指标，即指报告期内企业供水系统漏溢水量与新鲜水取水量之比的供水损失率和报告期内企业供水系统商品水量（外供水量）与新鲜水取水量之比的水商品率（由于管道企业没有工业用水，用水量较小，为此中国石油天然气集团公司未下达节水指标，但需要全体员工注意节约用水，保护水资源、确保高效利用）。

3. 节水量和节水技术措施实施情况统计

节水量的统计计算和节能量统计计算的基本概念和方法是一致的，即企业报告期的某项单位用水量指标（也可以说是新鲜水单耗）与一个目标值相比较，低于这个目标值就是节约，高于这个目标值就是超用。因此，目标值选择的不同，节水量的计算方法也可以分为环比法、定额法和技措法。同样节水技术措施也分为节约类、替代类和回收类3种。其中，节约类节水技术措施项目是指直接提高用水效率，一般是提高水的重复利用率节约新鲜水；替代类节水技术措施项目是指以回用的污水替代所需的新鲜水，以海水或微咸水替代所需的新鲜水，以空冷替代水冷所需的新鲜水补水；回收类节水技术措施项目是指回收蒸汽冷凝水、减少供水管网泄漏的新鲜水等。

节水技术措施项目的数量、节水能力、节水量、节水价值、实际投资等指标的概念、分类和统计计算方法等与节能技术措施项目相同，请参见节能技术措施相关内容。

## 三、管道公司节能节水统计管理

管道公司实行节能节水统计月报制度，统一节能节水统计报表格式，并统一统计时间、统计范围、计算方法、上报时间等。按照体系文件要求，基层单位每月末前一天（每月倒数第二天）上午8时读取计量表数据，与上月表底之差作为本月的能耗数据，同时填写用能用水统计台账；将本站队的能源消耗数据及相关运行参数按管道生产管理系统（PPS2.0）录入界面的要求进行填报，并提交给站队主管站长审核，然后提交给分公司能源管理人员审核，最终由生产科主管科长审核后于每月最后一天上午9时前提交。每季度次月5日前在PPS填报能耗季报录入项，即填报1月到当前月的能耗平均价格，生产科能源管理人员根据财务数据填报，可不用主管科长审核直接提交。每季度次月6日前统计本单位节能技措报表和主要耗能设备报表，并通过公司小信封报送生产处能源管理人员。具体要求如下：

（1）建立健全用能用水统计台账（表5-1-2至表5-1-8），做好能源和水资源的消耗统计、分析、核查工作；确保能源和水资源的消耗数据不重不漏、统一口径、数出一家（以能源统计数据为准），并对上报资料的真实性负责，按规定报送统计报表和统计分析报告。

（2）必须如实上报节能节水统计数据，不得虚报、瞒报、漏报、拒报、迟报、伪造或篡改数据；统计人员应对本单位报送的统计报表进行认真审核。用能用水单位和个人有责任制止、检举和揭发节能节水统计工作中弄虚作假等行为。

（3）加强节能节水统计基础管理工作，保证节能节水统计信息的可追溯性和信息传递的畅通及准确性。

（4）节能节水统计应以计量数据为基础，各单位要完善计量手段，加强节能节水计量器具的管理，确保数据来源的准确可靠。

（5）做好统计数据的保密工作。各级节能节水主管部门对外发布或提供统计资料，必须严格执行公司审批程序和保密协议的有关规定，任何人不得擅自对外披露信息。

表5-1-2　_____年新鲜水、蒸汽消耗统计表

填报单位：

GDGS/ZY 73.02-03/JL-08

| 月份统计 | 查表日期 | 新鲜水 | | 合计(m³) | 蒸汽 | | | | 合计(t) |
| | | 水表 | | | 蒸汽表 | | 蒸汽表 | | |
| | | 表底数 | 水量(m³) | | 表底数 | 蒸汽量(t) | 表底数 | 蒸汽量(t) | |
| 上年12月 | | | | | | | | | |
| 1月 | | | | | | | | | |
| 2月 | | | | | | | | | |
| 3月 | | | | | | | | | |
| 1季度合计 | | | | | | | | | |
| 4月 | | | | | | | | | |
| 5月 | | | | | | | | | |
| 6月 | | | | | | | | | |
| 半年合计 | | | | | | | | | |
| 7月 | | | | | | | | | |
| 8月 | | | | | | | | | |
| 9月 | | | | | | | | | |
| 1~3季度合计 | | | | | | | | | |
| 10月 | | | | | | | | | |
| 11月 | | | | | | | | | |
| 12月 | | | | | | | | | |
| 全年合计 | | | | | | | | | |

表 5-1-3 ＿＿＿年购入电量统计表

GDGS/ZY 73.02-03/JL-09

填报单位：

| 时间 | 读表日期 | 进线表 | | | 进线表 | | | 所变 | | | 转供电表 | | | 终端消耗（kW·h） |
|---|---|---|---|---|---|---|---|---|---|---|---|---|---|---|
| | | 表底数 | 电量（kW·h） | 倍率 | 表底数 | 电量（kW·h） | 倍率 | 表底数 | 电量（kW·h） | 倍率 | 表底数 | 电量（kW·h） | 倍率 | |
| 上年12月 | | | | | | | | | | | | | | |
| 1月 | | | | | | | | | | | | | | |
| 2月 | | | | | | | | | | | | | | |
| 3月 | | | | | | | | | | | | | | |
| 1季度合计 | | | | | | | | | | | | | | |
| 4月 | | | | | | | | | | | | | | |
| 5月 | | | | | | | | | | | | | | |
| 6月 | | | | | | | | | | | | | | |
| 半年合计 | | | | | | | | | | | | | | |
| 7月 | | | | | | | | | | | | | | |
| 8月 | | | | | | | | | | | | | | |
| 9月 | | | | | | | | | | | | | | |
| 1~3季度合计 | | | | | | | | | | | | | | |
| 10月 | | | | | | | | | | | | | | |
| 11月 | | | | | | | | | | | | | | |
| 12月 | | | | | | | | | | | | | | |
| 合计 | | | | | | | | | | | | | | |

表 5-1-4 _____ 年主要用电设备耗电统计表

填报单位：　　　　　　　　　　　　　　　　　　　　　　　　　　　　　　　　　　　　　　　　　　GDGS/ZY 73.02-03/JL-10（输油）

| 时间 | 读表日期 | 输油泵 | | | | 输油泵 | | | | 站变 | | | 站变 | | |
|---|---|---|---|---|---|---|---|---|---|---|---|---|---|---|---|
| | | 运行时间 | 表底数 | 电量（kW·h） | 倍率 | 运行时间 | 表底数 | 电量（kW·h） | 倍率 | 表底数 | 电量（kW·h） | 倍率 | 表底数 | 电量（kW·h） | 倍率 |
| 上年12月 | | | | | | | | | | | | | | | |
| 1月 | | | | | | | | | | | | | | | |
| 2月 | | | | | | | | | | | | | | | |
| 3月 | | | | | | | | | | | | | | | |
| 1季度合计 | | | | | | | | | | | | | | | |
| 4月 | | | | | | | | | | | | | | | |
| 5月 | | | | | | | | | | | | | | | |
| 6月 | | | | | | | | | | | | | | | |
| 半年合计 | | | | | | | | | | | | | | | |
| 7月 | | | | | | | | | | | | | | | |
| 8月 | | | | | | | | | | | | | | | |
| 9月 | | | | | | | | | | | | | | | |
| 1-3季度合计 | | | | | | | | | | | | | | | |
| 10月 | | | | | | | | | | | | | | | |
| 11月 | | | | | | | | | | | | | | | |
| 12月 | | | | | | | | | | | | | | | |
| 合计 | | | | | | | | | | | | | | | |

表5-1-5 ____年主要用电设备耗电统计表

GDGS/ZY 73.02-03/JL-10（输气）

填报单位：

| 时间 | 读表日期 | 压缩机 | | | | 压缩机 | | | | 站变 | | | 站变 | | |
|---|---|---|---|---|---|---|---|---|---|---|---|---|---|---|---|
| | | 运行时间 | 表底数 | 电量（kW·h） | 倍率 | 运行时间 | 表底数 | 电量（kW·h） | 倍率 | 表底数 | 电量（kW·h） | 倍率 | 表底数 | 电量（kW·h） | 倍率 |
| 上年12月 | | | | | | | | | | | | | | | |
| 1月 | | | | | | | | | | | | | | | |
| 2月 | | | | | | | | | | | | | | | |
| 3月 | | | | | | | | | | | | | | | |
| 1季度合计 | | | | | | | | | | | | | | | |
| 4月 | | | | | | | | | | | | | | | |
| 5月 | | | | | | | | | | | | | | | |
| 6月 | | | | | | | | | | | | | | | |
| 半年合计 | | | | | | | | | | | | | | | |
| 7月 | | | | | | | | | | | | | | | |
| 8月 | | | | | | | | | | | | | | | |
| 9月 | | | | | | | | | | | | | | | |
| 1-3季度合计 | | | | | | | | | | | | | | | |
| 10月 | | | | | | | | | | | | | | | |
| 11月 | | | | | | | | | | | | | | | |
| 12月 | | | | | | | | | | | | | | | |
| 合计 | | | | | | | | | | | | | | | |

表 5-1-6 ____年天然气消耗量统计表

填报单位：

GDGS/ZY 73.02-03/JL-11

| 月份统计 | 合计消耗量（m³） | 查表日期 | 自用气表 | | 自用气表 | | 自用气表 | | 自用气表 | |
|---|---|---|---|---|---|---|---|---|---|---|
| | | | 表底数 | 气量（m³） | 表底数 | 气量（m³） | 表底数 | 气量（m³） | 表底数 | 气量（m³） |
| 上年 12 月 | | | | | | | | | | |
| 1 月 | | | | | | | | | | |
| 2 月 | | | | | | | | | | |
| 3 月 | | | | | | | | | | |
| 1 季度合计 | | | | | | | | | | |
| 4 月 | | | | | | | | | | |
| 5 月 | | | | | | | | | | |
| 6 月 | | | | | | | | | | |
| 半年合计 | | | | | | | | | | |
| 7 月 | | | | | | | | | | |
| 8 月 | | | | | | | | | | |
| 9 月 | | | | | | | | | | |
| 1～3 季度合计 | | | | | | | | | | |
| 10 月 | | | | | | | | | | |
| 11 月 | | | | | | | | | | |
| 12 月 | | | | | | | | | | |
| 全年合计 | | | | | | | | | | |

表 5-1-7 _____ 年燃料油消耗量统计表

GDGS/ZY 73.02-03/JL-12

填报单位：

| 月份统计 | 合计消耗量 | 查表日期 | 燃料油表 | | 燃料油表 | | 燃料油表 | | 燃料油表 | |
|---|---|---|---|---|---|---|---|---|---|---|
| | | | 表底数 | 消耗量(t) | 表底数 | 消耗量(t) | 表底数 | 消耗量(t) | 表底数 | 消耗量(t) |
| 上年 12 月 | | | | | | | | | | |
| 1 月 | | | | | | | | | | |
| 2 月 | | | | | | | | | | |
| 3 月 | | | | | | | | | | |
| 1 季度合计 | | | | | | | | | | |
| 4 月 | | | | | | | | | | |
| 5 月 | | | | | | | | | | |
| 6 月 | | | | | | | | | | |
| 半年合计 | | | | | | | | | | |
| 7 月 | | | | | | | | | | |
| 8 月 | | | | | | | | | | |
| 9 月 | | | | | | | | | | |
| 1—3 季度合计 | | | | | | | | | | |
| 10 月 | | | | | | | | | | |
| 11 月 | | | | | | | | | | |
| 12 月 | | | | | | | | | | |
| 全年合计 | | | | | | | | | | |

表 5-1-8 _____ 年辅助能源购入量统计表

单位名称：

GDGS/ZY 73.02-03/JL-13

| | | | | | | | | | | 合计 |
|---|---|---|---|---|---|---|---|---|---|---|
| 汽油 | 购入日期 | | | | | | | | | |
| | 费用(元) | | | | | | | | | |
| | 购入量(L) | | | | | | | | | |
| 柴油 | 购入日期 | | | | | | | | | |
| | 费用(元) | | | | | | | | | |
| | 购入量(L) | | | | | | | | | |
| 液化气 | 购入日期 | | | | | | | | | |
| | 费用(元) | | | | | | | | | |
| | 购入量(L) | | | | | | | | | |
| 煤 | 购入日期 | | | | | | | | | |
| | 费用(元) | | | | | | | | | |
| | 购入量(L) | | | | | | | | | |

（6）节能节水统计人员变动时，必须做好交接工作，以保证管道生产管理系统（PPS2.0）的正确使用及数据统计范围的一致性，并及时通知上级能源管理部门，保证信息沟通及时顺畅。

（7）本单位主要耗能设备、运行工艺、组织机构等涉及节能节水统计的内容发生变化时，应提前联系上级部门对管道生产管理系统（PPS2.0）的录入界面、报表格式、授权范围等内容进行相应修改。

（8）节能节水统计管理是节能节水工作的重要组成部分，应确保统计报表真实、准确、及时、完整、一致等。

# 第二节　节能节水分析

节能节水统计分析是对统计调查数据的深加工，是节能节水统计工作的综合产品，是节能节水统计工作的重要组成部分。节能节水统计分析集数据、情况、建议、意见于一体，反映企业生产经营过程中各种用能用水和节能节水的经济现象、内在联系以及发展变化规律，揭示企业用能用水方面存在的问题，提出解决问题的办法。

## 一、开展统计分析的重要性

统计的基本任务是实行统计咨询服务与监督。要完成统计的这些任务，单纯靠提供统计数据是不够的，必须对统计数据加以研究、分析，发现问题，提出建议，用统计分析报告的形式上报、下发信息。企业各级管理者需要依据统计分析报告决定相关生产经营对策；同时，也从统计分析报告来认识统计的作用，评价统计工作。实践证明，凡是统计分析做得好的企业，统计工作就生动活泼，发挥统计信息、咨询和监督的作用就大，统计工作更能得到企业领导的重视和支持，路子越走越宽；相反，则不然。另外，从提高统计工作人员的素质来说，也要做好统计分析。统计工作人员经常研究相关业务的经济问题，可以开阔眼界，开拓知识面，加快提高业务水平，增加工作信心和责任感。

## 二、节能节水统计分析的基本方法

节能节水的统计分析有比较分析法、动态分析法、因素分析法、结构分析法和平衡分析法等多种方法，管道企业根据节能节水统计工作需要，相应采取某种分析方法或者几种方法组合在一起使用。

### 1. 比较分析法

比较分析法就是通过将互相联系的用能用水指标进行对比分析，比较直观地反映报告期的耗能用水的水平与目标值之间的差异，这个目标值可以是国内外先进水平、基准期的水平、预期计划水平等。通过直观的比较，进而分析问题、总结经验。

运用比较分析法应注意两个问题：一个是要注意指标的可比性，即用来比较的现象必须是同类的，指标内容、比较的口径、计算方法、计算单位等必须相同，也就是要可比。另一个是进行比较分析时，不但要看相对数，还要看绝对数。如某条管线某个时间段用能单耗虽然比目标值或同时期完成值下降得较少，但这个时间段可能存在多个影响因素发生了变化（如地温、输量及运行工艺），不利于能耗控制，使该单耗指标可能已经很先进了；而另外一个时间段用能单耗比目标值也许下降很多，但影响因素（如地温、输量及运行工艺）均向着有利于能耗控制的方向变化，就报告期的指标而言仍未达到合理状态。为此，在分析过程中就不能简单地从用能单耗指标降低幅度来判定节能水平更高。

2. 动态分析法

动态分析法就是将要分析的某个或某几个用能用水指标数据，按时间顺序排列，形成一个或几个动态数列，从数量方面观察所要分析的指标发展变化的方向和速度，研究其发展变化的规律性，从而分析变化的原因，进一步做出变化趋势的预测，并借以指导以后的相关节能节水工作的开展。动态分析法也可以说是在一个时间序列内，以上一个基准期的指标为目标值的系列比较分析的方法。所以，动态分析也比较直观地反映了一个时期内不同报告期的用能用水指标之间的相互差异，反映出不同报告期节能节水措施对用能用水指标的影响。

3. 因素分析法

因素分析法就是从与所要分析的用能用水指标的相关联的各种因素出发，分析因素变化对用能用水指标的影响关系，从中找出规律性的东西。因素分析法可以说是从相对微观的角度，分析研究由比较分析、动态分析或者其他分析方法反映出的指标变化，终究是什么原因引起的。通过因素分析，可以对所要分析的用能用水指标产生变化的原因进行定量分析，充分分清主观与客观原因，分析计算出各种因素（如输油气量的增减、流向的变化及运行参数、气温、地温变化，节能节水措施的实施等）的定量变化对指标变化的影响幅度，从而对企业的节能节水工作做出正确的评价，为以后如何改进节能节水工作指明方向。因素分析法在节能节水统计分析中应用比较广泛。

4. 结构分析法

结构分析法从概念上讲就是把要分析的某个现象的总体分解为各个组成部分，通过观察其内部的结构，可以分清影响这个现象发展变化的主要方面和次要方面，从而找出主要原因和现象的本质特征。结构分析法常用于国家、地区或者某个产业部门的耗能用水分析。对于企业的节能节水统计分析来说，采用结构分析法主要是通过研究企业产品结构、生产经营业务结构、用能用水实物结构的变化，进而分析对企业耗能用水水平、消耗费用占生产经营成本等指标的影响。

5. 平衡分析法

平衡分析法从概念上讲就是从收支两方面说明某个现象总体内部各方面的联系及相互之间的关系，运用平衡分析法必须首先编制所要研究的现象的收支两方面的平衡表。和结构分析法一样，平衡分析法多用于国家、地区或者某个产业部门的耗能用水分析。对于企业的节能节水统计分析来说，采用平衡分析法，一般是在企业已经进行能平衡测试或水平衡测试的基础上，对企业或企业某个用能用水系统进行平衡分析，同时结合其他相关分析，提出改进用能用水效率的建议和意见。

## 三、统计分析的基本内容

1. 耗能用水总量的变化情况分析

能源消耗总量和用水总量（包括实物量与价值量）分析，是从能源消耗或用水总量的现状和变化出发，分析企业能源消耗和用水量升高与降低的原因，查找耗能和用水的重点和不合理的流向。其中要重点分析企业能源消耗结构变化，通过实物量与价值量消耗结构的对比分析，评价分析企业采取合理调整能源消耗结构，如以经济价值低的能源替代经济价值高的能源等措施，对企业降低能源成本具有积极作用。同时，通过分析耗能用水总量按企业各生产经营业务板块结构的变化，明确企业能源和新鲜水消耗流向，便于企业控制耗能用水的重点。

2. 能源和新鲜水的单耗变化分析

从节能量和节水量的统计计算方法可以知道，不论是环比法、定额法还是技措法，衡量一个企业或者一个用能用水系统是否节能节水了，最终都要体现在相应的用能用水单耗的变化上，只有报告期的单耗比目标值降低了，才能有节能节水的成果。所以，节能节水统计应经常分析研究能源和新鲜水单位消耗量发生怎样的变化和引起这些变化的原因。一般来说，影响企业用能用水单耗变化的主要因素有：产品产量、工作量、企业增加值、工业产值的变化，企业生产经营业务板块和产品结构的变化，企业生产工艺、技术装备的变化以及已实施的节能节水措施产生的效果等。对于长输管道企业其产品产量和工作量主要指：输量、流向、输油气周转量等。

3. 重点用能设备运行状况分析

分析机、泵、炉等重点耗能设备的运行状况，主要是分析这些设备的平均单台装机或负荷的变化、更新改造情况及设备运行参数变化，分析是否处在高效区及运行参数是否合理，查找存在问题等。一般来说，平均单台装机容量或负荷增加，能提高这类设备的整体运行效率；更新改造数量增加，也能提高设备整体运行效率。同时，还要分析这些重点用能设备相应的用能系统的系统效率变化。一般来说，系统效率提高比设备效率提高更可取。

4. 输油气生产过程中的各种参数变化情况及管网优化运行分析

根据管线运行参数（进出站压力、温度及下站进站温度，本站设备起停及运行状况），分析各种参数是否合理、经济，提出整改建议等。要有横向分析（相近管线同一时间段的对比分析）和纵向对比（同一管线不同年份相同时间段的历史对比分析）。

5. 节能节水经济指标分析

一是分析节能节水技术措施项目实施情况，对企业节能节水技术措施取得的经济效益和存在的潜力进行分析评价。如对技术成熟、投入少、见效快、投资收益率高的节能节水项目如何扩大推广应用，对投资大、回收期长，但能从根本上提高用能用水效率和水平的项目如何有计划地集中财力逐步实施，对经济效益比较差的节能节水项目如何进一步分析原因等，从而为以后的节能节水技术措施的实施提供决策参考。

二是对比分析企业能源和新鲜水节约与开源的成本，从而为企业发展需要更多的能源和新鲜水时，提出用能用水的建设性意见。

三是分析能源和水的消耗费用占生产成本的比例现状及变化趋势，从而反映节能节水工作对企业降低生产经营成本的贡献程度。

6. 综合分析

综合分析就是综合上述5个方面的分析，同时结合年度内进行有关专题统计调查分析，从横向上找差距，从纵向上看变化，把生产经营活动与能源和新鲜水消耗的各个环节联系起来，分析提出本企业在能源消耗和用水方面存在的问题和潜力，提出进一步开展节能节水工作的方向和途径，为企业领导和各级管理人员进行经营管理决策时，提供合理用能和用水的依据。

在能耗分析和能源管理的整个过程中，可以利用整理出的下述常用公式计算相关数据，查找存在问题及量变因素。

1）热油管道传热系数 $k$ 值的计算

根据长输热油管道温降公式计算传热系数：

$$k = \frac{GC}{\pi DL} \ln \frac{t_c - t_0}{t_j - t_0} \tag{5-2-1}$$

式中　$t_c$——本站出站温度，℃；

　　　$t_j$——下站进站温度（$t_c$ 和 $t_j$ 为实际计量值），℃；

　　　$t_0$——管道埋深处自然地温（管中心处），℃；

　　　$D$——管道外径，m；

　　　$L$——站间距，m；

　　　$G$——质量流量，kg/s；

　　　$C$——原油的比热容，J/（kg·℃）；

　　　$k$——总传热系数，J/（$m^2$·s·℃）。

2）管道结蜡当量厚度计算

根据管路沿程摩阻损失计算公式：

$$\frac{(p_c - p_j) \times 10^6}{\rho \cdot g} = \beta \frac{Q^{2-m} \cdot \nu^m}{d^{5-m}} \cdot L + (Z_2 - Z_1) \tag{5-2-2}$$

$$d_d^{5-m} = \frac{\beta Q^{2-m} \nu^m L}{\dfrac{(p_c - p_j) \times 10^6}{\rho g} - (Z_2 - Z_1)} \tag{5-2-3}$$

一般情况下，多数管线均运行在水力光滑区，为此计算时可取：$m = 0.25$，$\beta = 0.0246$，式（5-2-3）变为：

$$d_d = \left[ \frac{0.246 Q^{1.75} \nu^{0.25} L}{\dfrac{(p_c - p_j) \times 10^6}{\rho g} - Z_2 + Z_1} \right]^{\frac{1}{4.75}} \tag{5-2-4}$$

结蜡厚度：$\delta = d_s - d_d$

式中　$p_c$——泵站出站压力（实际计量值），MPa；

　　　$p_j$——下站进站压力（实际计量值），MPa；

　　　$Q$——输送介质体积流量，$m^3/s$；

　　　$\nu$——输送介质黏度，$m^2/s$；

　　　$d_d$——计算管道当量内径，m；

　　　$L$——站间距，m；

　　　$d_s$——管段设计内径，m；

　　　$\rho$——输送介质密度，$kg/m^3$；

　　　$g$——重力加速度，取 9.8$m/s^2$；

　　　$Z_2$——下站高程，m；

　　　$Z_1$——本站高程，m。

3）输油站热能利用率（输油站综合热效率）

$$\eta = \frac{GC(t_c - t_{bj} - t_{bs})}{q_{dw}B}$$ (5-2-5)

式中　$B$——燃料消耗量，kg 或 m³；

　　　$G$——输油量，kg；

　　　$C$——被加热介质比热容，kJ/(kg·℃)；

　　　$t_c$，$t_{bj}$——本站出、进站温度，℃；

　　　$t_{bs}$——输送介质经泵后温升，℃；

　　　$q_{dw}$——燃料的低位发热值（应尽量取实测值），kJ/kg 或 kJ/m³。

4）输油泵站电能利用率（输油泵站综合电效率）

泵站输出有用功：

$$N_{sc} = (p_c - p_j)Q \times 10^3 + \frac{GC(t_{bc} - t_{bj})}{3600}$$ (5-2-6)

泵站综合电能利用率：

$$\eta_z = \frac{N_{sc}h}{N_{zsr}}$$ (5-2-7)

输油泵机组电能利用率：

$$\eta_b = \frac{N_{sc}h}{N_{bsr}}$$ (5-2-8)

式中　$N_{sc}$——泵站输出有用功（电能），kW；

　　　$p_c$——出站压力，MPa；

　　　$p_j$——进站压力，MPa；

　　　$Q$——介质体积流量，m³/s；

　　　$G$——输油量，kg；

　　　$C$——介质比热容，kJ/(kg·℃)；

　　　$t_{bj}$，$t_{bc}$——泵进出口温度，℃；

　　　$N_{zsr}$——泵站购入电能，kW·h；

　　　$N_{bsr}$——泵机组输入电能，kW·h；

　　　$h$——统计期时间（按实际天数计算，每天 24h），h；

　　　$\eta_z$——泵站电能利用率，%；

　　　$\eta_b$——输油泵机组电能利用率，%。

5）出站温度计算

$$t_c = t_0 + (t_j - t_0)e^{(k\pi DL/GC)}$$ (5-2-9)

根据所需输送油品物性确定下进站温度（$k$ 值取实际运行中计算值的 3 年平均值），利用上述公式计算本站出站温度，所得出站温度减去本站进站温度，便得出该站所输介质在保证下站进站温度的前提下本站所需温升情况，在考虑加热设备的热效率及泵压缩升温后便可计算所需热量和燃料油消耗量。

6）燃料油消耗量测算

$$B = \frac{Gc(t_c - t_{bj})}{q_{dw}\eta} \tag{5-2-10}$$

式中　$B$——燃料消耗量，kg/h 或 $m^3$/h；

　　　$G$——输油量，kg/h；

　　　$c$——原油比热容，取 2.1kJ/（kg·℃）；

　　　$t_c$，$t_{bj}$——本站出、进站（炉）温度，℃；

　　　$q_{dw}$——燃料的低位发热值（原油取 41816kJ/kg，油田天然气取 38931kJ/$m^3$，气田天然气取 35544kJ/$m^3$；如有燃料低位发热值的实测值，则用实测值，因不同油源和气源的燃料其低位发热值不同，且差距较大），kJ/kg 或 kJ/$m^3$。

　　　$\eta$——热设备综合效率，可根据设备节能监测结果取值。

进行节能节水统计分析时，可以根据以上公式计算出本站的理论耗油量，折算成与实际消耗相同的单位后，再与实际消耗量进行对比，如果差别较大，需要分析误差存在的原因，查找能源计量器具、能耗数据上报等方面是否存在的问题。当考虑输油泵温升时，应用进出站温度之差减去泵温升，才是加热炉提供的真正温升。在计算过程中要注意各个参数的单位换算，同时，通过此公式推导，还可以计算输油站的热效率。

7）输油管线电能消耗测算

在管线没有大的改造和设备、工艺没有大的变动的情况下，可利用近 3~4 年的实际周转量电单耗平均值，预测计划输量下的耗电量。

电单耗：

$$d_i = \frac{N_{zsr}}{GL} \tag{5-2-11}$$

$$d_{pj} = \frac{\sum\limits_{i=3-4} d_i}{i} \tag{5-2-12}$$

预测耗电量：

$$N_{yc} = GLd_i \tag{5-2-13}$$

式中　$d_i$——站某年输油周转量电单耗，kW·h/（$10^4$t·km）；

　　　$d_{pj}$——站 3~4 年平均输油周转量电单耗，kW·h/（$10^4$t·km）；

　　　$i$——计算时间，a；

　　　$G$——年输油量，$10^4$t；

　　　$L$——站间距离，km。

8）一站管多条管线时不同管线能耗的分割

（1）某线耗电量（$10^4$kW·h）：

$$N_i = \frac{G_i \cdot \Delta p_i}{\sum\limits_i G_i \cdot \Delta p_i} \times N_z \tag{5-2-14}$$

式中　$G_i$——某线月输油量，$10^4$t；

　　　$\Delta p_i$——某线进出站压差，MPa；

$N_z$——站总耗电量，$10^4 kW \cdot h$；

$i$——指某线。

（2）某线耗油量（t）：

$$Q_i = \frac{G_i \Delta t_i}{\sum\limits_i G_i \Delta t_i} Q_z \qquad (5-2-15)$$

式中　$G_i$——某线月输油量，$10^4 t$；

$\Delta t_i$——某线进出站温度差，℃；

$Q_z$——站总耗油量，t；

$i$——指某线。

## 四、节能节水统计分析要求

1. 基本要求

（1）如实反映情况。统计分析要坚持实事求是的原则，如实反映企业用能用水现状。坚持实事求是的原则，首先必须做到统计数据准确。统计分析是用数据作为立论依据的，准确的数据一般可引申出正确的论点；如果数据严重失实，就会引申出错误的论点，从而导致决策的失误。其次要尊重客观实际，切忌主观臆断；要有全局观点，切忌片面性。最后，统计分析要经得住历史的考验。

（2）深入实际调查研究。基本的统计数据对掌握全面情况是很重要的，但它一般只能反映某一时间耗能用水的结果，反映不出我们所看到的产生一些现象的具体原因。或者说它往往反映某个耗能用水现象"是什么"，说不清"为什么"和"怎么办"，要说清"为什么"和"怎么办"就要求深入实际调查研究，弥补报表的不足。因为实际生产经营活动比统计报表的资料要丰富得多，特别是当生产经营情况发生较大变化，新的因素不断出现，而各方面看法不一致时，更需要深入到生产经营的第一线实地调查，掌握第一手材料。

（3）广泛收集各方面信息。上面介绍的几种统计分析方法表明，要分析某个用能用水经济现象，不仅涉及企业内部生产经营的各个环节，而且也会与企业外部经济环境相关联。因此，要做好节能节水统计分析，需要收集更多、更全面的相关信息。扩大信息来源，包括整理历史资料，积累与耗能用水有关的生产运行及经济信息资料，加强与企业相关单位合作并共同研究，建立、健全统计分析网络等。

（4）编写好统计分析报告。编写统计分析报告，是表述统计分析成果的重要形式。统计分析报告写不好，整个研究分析工作就会功亏一篑。为使报告全面而有说服力，既要做到有数据、有情况、有分析、有建议，还要做到简明扼要、数据准确、情况清楚、分析得当、建议可行。

统计分析报告的文字，要力求做到准确、鲜明、生动。准确，一方面是指运用的统计数据要准确可靠，误差大的资料不能用，变化大的指标一定要查明原因；另一方面是指判断和推理要以准确数据为依据、为前提，要符合客观实际。鲜明，是指主题突出、观点明确、结构层次清楚、条理清晰，数据说明观点，观点立足于准确、丰富的数据，不要采用一些细枝末节的材料。生动，是指文字表述要简练、通俗易懂；分析情况要点面结合，避免数据文字化；要讲究修辞，但不要词句堆砌，华而不实。

2. 公司节能节水统计分析要求

各输原油站队及各分公司要在统计数据准确、完整的基础上，做好所辖单位的能源、水资源消耗及主要耗能设备和能源、水资源利用状况的统计分析工作，做到月度有简析，季度有分析，年度有总结，分公司每月在管道生产管理系统(PPS2.0)进行提交。

分公司每月4日前提交上月能耗月度简析，月度简析要能说明本月能耗同期对比变化较大的主要原因，内容可包括本月能耗数据、输量、主要耗能设备运行状况及运行时间和能耗数量等数据的对比；分析本月影响管线能耗的主要因素(包括输量、运行方式、运行温度、节流、来油温度、停输、动火、施工、检测、气候等因素)；年累计消耗数据、输量等数据同期对比及能耗变化较大的主要原因。

分公司每季度次月6日前上报上季度能耗分析，季度能耗分析的主要内容应包括月度简析的内容及从1月到本季度的能耗指标完成情况、与去年同期的对比情况及能耗变化的主要原因。

分公司每年1月6日前上报上年度节能节水年度工作总结。总结的主要内容应包括本单位节能指标完成情况、年度能耗分析内容、本年度重点完成工作、节能专项及节能措施实施情况、节能监测完成情况、挖掘节能潜力、下年度重点工作等方面的内容。

# 第六章 节能节水测试及节能型企业创建

## 第一节 节能节水测试

节能节水测试是节能、节水工作中的重要环节和基础工作。测试结果的准确与否，直接关系到对企业用能用水现状的分析和节能节水技术措施效果的评价。要做好节能节水测试工作，除涉及误差分析、相关测量仪表的基本测量原理等基础知识外，还涉及符合现场工艺要求的具体的测量技术等问题。现场测试完成后，要对测试数据进行处理分析，并进一步分析企业在用能用水上存在的问题，在此仅就长输管道系统中涉及的有关节能节水测试的一般性技术问题进行讨论。

### 一、能量平衡测试

能量平衡是依据热力学第一定律(能量守恒和转换定律)，通过对一个体系输入、输出及损失能量的平衡关系，以定量分析该体系的用能情况，为提高能量利用水平提供依据。所说的体系，是指进行能量平衡的具体对象。能量平衡法是多年来普遍采用的方法，也称"热力学第一定律分析法"。在进行能量平衡时，要求平衡的对象有一个明确的边界线以确定进行能量平衡的范围。能量平衡按边界(体系)的大小可分为设备能量平衡、工艺装置(系统)能量平衡、车间能量平衡、企业能量平衡等；按能源种类可分为热平衡、电平衡、水平衡等。

企业能量平衡是以企业为对象的能量平衡，包括：企业各种能源的收入与支出的平衡(即：企业输入能量＝企业输出能量)；消耗与有效利用及损失之间的数量平衡(即：企业消耗能量＝企业有效利用能量+企业损失能量)。它包含了两种含义：一是收支平衡，它只能考察企业各项能源收支情况；二是消耗与有效利用及损失之间的平衡，它可以反映出企业能源有效利用的程度，并查找出节能潜力。此定义同时还指明了企业能量平衡仅对企业用能进行数量上的考察。

企业能量平衡采用测试计算和统计计算相结合的方法。测试计算以主要耗能设备的测试数据进行综合计算，其结果反映测试状况下的用能水平。进行能量平衡测试时，若有可能，应采用正平衡法和反平衡法同时进行。前者是从能量的有效利用方面考察分析的，而后者则是从能量损失方面考察分析的。因为，当工艺要求一定时，其有效利用能量是一定的，因此从这个角度讲减少能源的消耗，其关键在于减少能量损失。可见，反平衡法更利于摸清设备的技术状况，查找出用能薄弱环节。

统计计算以统计期内的计量和记录数据为基础进行综合计算，其结果反映实际的平均水平。此法要求企业对统计期内实际消耗的能源数量以及所生产的合格产品等应有完整、准确

118

的计量和记录。同时，还应有较详细的运行日志。以对测试的参数作合理的修正。此法计算的结果，反映了企业在统计期内的平均能耗水平，但却无法确切提供节能潜力之所在。

由此可见，只有同时采用测试计算和统计计算两种方法，才能对企业用能状况和设备技术状况有较全面的了解，为企业节能挖潜提出明确方向。

首先根据 GB/T 3484—2009《企业能量平衡通则》要求，确定企业能量平衡框图。如图6-1-1 所示。

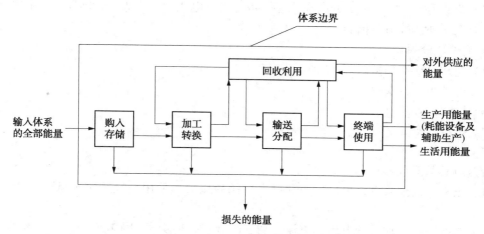

图 6-1-1　企业能量平衡框图

对于管道企业，每个输油气站、队可作为一个完整的能量消耗系统完成能量平衡测试和计算工作，然后根据所辖站、队完成的能量平衡测试及计算情况形成一条线或一个输油气分公司(甚至整个管道公司)的能量平衡体系框图，完成整体的计算(框图由多个图6-1-1 所示框图组成)。

1. 企业能量平衡方程

$$E_r = E_c \tag{6-1-1}$$

式中　$E_r$——输入体系的全部能量；

　　　$E_c$——输出体系的全部能量。

$$E_r = E_{csy} + E_{chy} + E_{cg} + E_{cs} \tag{6-1-2}$$

式中　$E_{csy}$——生产用能量；

　　　$E_{chy}$——生活用能量；

　　　$E_{chy}$——对外供应能量；

　　　$E_{cs}$——损失能量。

2. 企业能量平衡的方法

(1) 企业能量平衡是利用统计计算与测试计算相结合，以统计计算为主的综合分析方法；

(2) 以统计期的能源计量数据为基础进行综合统计分析；

(3) 在统计资料不足，统计数据需要效核及特殊需要时，应进行测试，测试结果应折算为统计期运行状态下的平均水平。

## 二、主要用能设备测试

1. 输油泵机组节能监测

1）测试检查项目

（1）泵及电动机是否是国家规定的淘汰产品，了解其技术状况；

（2）输油泵机组运行状态正常，系统工艺配置合理，无明显泄漏；

（3）功率为50kW及以上的电动机应配备电流、电压、电度表，100kW以上的电动机应采取就地无功补偿等节电措施。

2）测试评价项目

（1）电动机功率因数。

（2）电动机运行效率。

（3）输油泵效率。

（4）机组效率。

（5）节流率。

3）监测参数及仪器设备

（1）压力：输油泵进、出口压力和泵出口阀后压力。采用精度等级不低于0.25级的压力表测量。

（2）电参数：电动机的电压、电流、功率因数、有功功率和无功功率。采用精度等级不低于0.1级的电能综合测试仪测量。

（3）电动机电压等级为380V时，在输油泵机组控制柜电动机用电输出端用电能综合测试仪测量。

（4）电动机电压等级为6000V时，在输油泵机组的配电柜的电压互感器、电流互感器的接线端子上用电能综合测试仪测量。如果现场电计量柜为封闭型，现场仪表各电参数显示齐全且精度达标，在检定有效期内，宜直接录取现场参数。

（5）电动机有变频器时，变频器还应录取频率、转速、扭矩和轴功率等参数。

（6）流量：采用精度等级不低于1.5级的流量计测量。站内有满足精度要求的流量计且在检定有效期内时使用站内流量计；否则，利用满足精度且在检定有效期内的便携式流量计测试输油泵的流量（便携式流量计需安装在长度为15倍管径的直管段上，且满足测试点前10倍、后5倍）。

（7）密度：按GB/T 4756《石油液体手工取样法》现场取样，并按GB/T 1884《原油和液体石油产品密度实验室测定法（密度计法）》测定。

4）测试工况及要求

为了保证维修效果，需要对输油泵机组进行5~7个流量工况点进行测试，绘制性能曲线；对于实施变频及技术改造的输油泵机组测试，需执行改造前泵机组测试方案，并对改造前后的测试结果进行对比。测试要求如下：

（1）输油泵的测试排量台阶为，被测输油泵在其允许的最大排量与最小排量之间均分5~7个流量工况点。

（2）每个工况调整稳定后，连续测试不少于30min，其中每10min录取一组数据。

5）数据处理

（1）电动机负载率。

$$\beta = \frac{P_{zh}}{P_e} \times 100 = \sqrt{\frac{I^2 - I_0^2}{I_e^2 - I_0^2}} \times \frac{U}{U_e} \times 100 \qquad (6-1-3)$$

式中　$\beta$——电动机负载率，%；

$P_{zh}$——电动机输出功率，kW；

$P_e$——电动机额定功率，kW；

$I$——电动机实际负载电流，A；

$I_0$——电动机空载电流，A；

$I_e$——额定电压下的电动机额定电流，A；

$U$——电动机实际输入电压，V；

$U_e$——电动机额定电压，V。

（2）电动机运行效率。

$$\eta_d = \frac{P_{zh}}{P_r} \times 100 \qquad (6-1-4)$$

式中　$P_{zh}$——电动机输出功率，kW；

$P_r$——电动机输入功率，kW。

电动机输入功率有两种计算方法：

① 通过电能表计算。

$$P_r = \frac{10}{Kt}K_i K_u \times 3600 \qquad (6-1-5)$$

式中　$K$——电能表常数，r/（kW·h）；

$t$——电能表转 10 转所需时间，s；

$K_i$——电流互感器变流比；

$K_u$——电压互感器变压比。

② 通过电压、电流、功率因数计算。

$$P_r = \sqrt{3}\,UI\cos\varphi \times 10^{-3} \qquad (6-1-6)$$

式中　$P_r$——电动机输入功率，kW；

$U$——电动机输入工作电压，V；

$I$——电动机工作电流，A；

$\cos\varphi$——电动机的实际负载功率因数。

电动机的输入功率计算式都一样，但电动机输出功率根据工频电动机和变频电动机分为下列两种情况计算：

① 工频电动机输出功率。

$$P_{zh} = P_e\beta$$

② 变频电动机输出功率计算。

ⅰ. 若已知变频电机转矩、转速，则计算公式为：

$$P_{zh} = \frac{2\pi nM}{60} \qquad (6-1-7)$$

式中　$M$——电动机的转矩，$N \cdot m$。

ⅱ. 若已知变频电动机功率输出比时，功率输出比和电动机额定功率的乘积即为变频电动机输出功率。

（3）输油泵扬程计算。

$$H = \frac{(p_2 - p_1) \times 10^6}{\rho_t g} + Z_2 - Z_1 + \frac{v_2^2 - v_1^2}{2g} \qquad (6-1-8)$$

式中　$H$——泵扬程，m；

　　　$p_1$，$p_2$——泵进、出口压力，MPa；

　　　$Z_1$，$Z_2$——泵进、出口压力表高度，m；

　　　$v_1$，$v_2$——泵进、出口处液体流速，m/s；

　　　$\rho_t$——温度为 $t$℃时的输送介质密度，$kg/m^3$；

　　　$g$——重力加速度，为 $9.8 m/s^2$。

（4）输油泵轴功率。

输油泵轴功率等于电动机输出功率 $P_{zh}$。

（5）输油泵效率。

$$\eta_b = \frac{P_{yx}}{P_{zh}} \times 100 \qquad (6-1-9)$$

式中　$\eta_b$——输油泵效率，%；

　　　$P_{yx}$——输油泵有效功率（输出功率），kW。

$$P_{yx} = \frac{\rho_t g q_v H}{1000 \times 3600} \qquad (6-1-10)$$

式中　$q_v$——实测输油泵流量，$m^3/h$。

（6）机组效率。

$$\eta_{jz} = \frac{P_{yx}}{P_r} \times 100 \qquad (6-1-11)$$

式中　$\eta_{jz}$——输油泵机组效率，%。

（7）泵机组液体输送系统效率。

$$\eta_{sys} = \eta_{jz} \eta_{yt} \qquad (6-1-12)$$

式中　$\eta_{sys}$——泵机组液体输送系统效率，%；

　　　$\eta_{yt}$——指用于液体输送有效利用功率与泵机组输出功率比值的百分数，%。

$$\eta_{yt} = \frac{\rho_t g (H - H_1) Q \times 10^{-3}}{P_{yx}} \times 100\% \qquad (6-1-13)$$

式中　$H_1$——调节阀引起的扬程损失，m。

$$H_1 = \frac{p_2 - p_3}{\rho_t g} + Z_2 - Z_3 + \frac{v_2^2 - v_3^2}{2g} \qquad (6-1-14)$$

式中　$p_3$——调节阀出口压力，MPa；

　　　$Z_3$——调节阀后压力表高度，m；

　　　$v_3$——调节阀后处液体流速，m/s。

（8）节流率的计算。

$$\eta_{jl} = (1 - \eta_{yt}) \times 100\% \qquad (6-1-15)$$

式中　$\eta_{jl}$——节流损失率，%。

6）输油泵机组节能监测项目与指标要求

输油泵机组节能监测项目与指标要求见表6-1-1和表6-1-2。

表6-1-1　原油泵机组节能监测项目与指标要求

| 监测项目 | 评价指标 | $85 \leq Q \leq 200$ | $200 < Q \leq 400$ | $400 < Q \leq 600$ | $600 < Q \leq 800$ | $800 < Q \leq 1000$ | $1000 < Q \leq 1500$ | $1500 < Q \leq 2000$ | $2000 < Q \leq 3000$ | $Q > 3000$ |
|---|---|---|---|---|---|---|---|---|---|---|
| 机组效率（%） | 限定值 | ≥54 | ≥58 | ≥62 | ≥65 | ≥67 | ≥69 | ≥70 | ≥71 | ≥72 |
| | 节能评价值 | ≥58 | ≥62 | ≥66 | ≥69 | ≥71 | ≥73 | ≥73 | ≥74 | ≥75 |
| 节流损失率（%） | 限定值 | ≤10 | | | | | | | | |

注：$Q$ 为泵额定流量，单位为 $m^3/h$。

表6-1-2　成品油泵机组节能监测项目与指标要求

| 监测项目 | 评价指标 | $200 \leq Q \leq 300$ | $300 < Q \leq 600$ | $600 < Q \leq 900$ | $900 < Q \leq 1200$ | $1200 < Q \leq 1500$ | $Q > 1500$ |
|---|---|---|---|---|---|---|---|
| 机组效率（%） | 限定值 | ≥62 | ≥66 | ≥68 | ≥70 | ≥71 | ≥72 |
| | 节能评价值 | ≥66 | ≥70 | ≥72 | ≥74 | ≥75 | ≥76 |
| 节流损失率（%） | 限定值 | ≤5 | | | | | |

注：$Q$ 为泵额定流量，单位为 $m^3/h$。

7）被测单位的现场配合

（1）根据监测单位测试需要提供被测设备的相关技术参数或资料；

（2）向监测单位说明被测设备存在的问题；

（3）协助电参数的测取、流量的测取；

（4）负责输量负荷的调节；

（5）根据需要完成其他现场配合，使具备测试条件。

2．加热炉、锅炉节能监测

1）相关术语

正平衡法：通过直接测量加热炉、锅炉的输入热量和输出有效热量而计算效率的方法。

反平衡法：通过测试加热炉、锅炉各项热损失计算效率的方法。加热炉、锅炉应正、反平衡法同时测试，测试结果以正平衡法为准。

最大热负荷：调整加热炉、锅炉的燃油（气）量使加热炉、锅炉达到最大出力时的负荷。

最佳燃烧状况：空气系数为最佳的运行工况。

负荷率：锅炉、加热炉运行的热负荷与其额定热负荷的比值。

散热异常部位：表面温度大于50℃的部位。

大修（技术改造）前后对比测试：对加热炉、锅炉大修（技术改造）前和大修（技术改造）后在相同负荷下进行热工对比测试，对大修（技术改造）效果（出力、热效率及保温效果等）

进行评价。

2）测试准备工作

测试前应了解设备技术状况：

（1）上次炉子大修时间、内容及本次大修或技术改造的内容、目的等；

（2）炉子运行时间及运行中存在的问题；

（3）测点及在线仪表运行情况；

（4）测试使用的仪表及有关设备必须检定合格，并在检定周期内；

（5）正式测试前要进行预备性测试，以全面检查仪表是否正常工作。

3）测试要求

测试技术要求见表6-1-3。

**表 6-1-3　测试技术要求**

| 项目 | 大修（技术改造）前及正常热工测试 | 大修（技术改造）后 |
|---|---|---|
| 测试方法 | 正、反平衡法同时进行，以正平衡数据为准 | |
| 测试负荷和次数 | （1）运行负荷工况下测试一次，在同等负荷工况下采用仪器监测调试，燃烧状况较佳时复测一次；<br>（2）用仪器监测调试在额定负荷的50%和70%处，最佳运行状态下各测试一次；<br>（3）用仪器监测调试，调整到额定负荷、最佳燃烧状况下测试一次，若达不到额定负荷，则调整到最大负荷、最佳工况下进行测试 | （1）用仪器监测调试，调整到 大修前相对应负荷状况下各测试一次；<br>（2）用仪器监测调试，调整到 大修后最大负荷、最佳运行工况下测试一次 |
| 测试负荷波动范围 | ±5% | |
| 效率提高取值 | 热效率取大修（技术改造）后用仪器监测调试，调整到额定（最大）负荷、最佳燃烧状况的测试数据下测试一次 | |

4）时间要求

正式测试应在加热炉、锅炉热工况稳定和调整测试工况 1h 后进行。热工况稳定所需时间自冷态点火开始算起，规定如下：

（1）锅炉不少于：24h；

（2）加热炉不少于：8h；

（3）热媒间接加热装置不少于：8h。

每次测试持续时间不少于 2h，每隔 30min 记录一次。

5）测试参数及仪表准确度

测试参数及仪表准确度要求见表6-1-4。

**表 6-1-4　测试参数及仪表准确度表**

| 序号 | 参量名称 | 仪表准确度要求 |
|---|---|---|
| 1 | 液体燃料消耗量 | 1.5 |
| 2 | 气体燃料消耗量 | 1.0 |
| 3 | 介质流量 | 1.5 |

| 序号 | 参量名称 | 仪表准确度要求 |
|---|---|---|
| 4 | 进、出口介质温度 | ±0.1℃ |
| 5 | 排烟温度 | ±1.0℃ |
| 6 | 入炉空气温度 | ±0.1℃ |
| 7 | 炉体表面温度 | ±1.0℃ |
| 8 | 介质压力 | 1.5 |
| 9 | 燃气压力 | 0.4 |
| 10 | 燃油压力 | 1.5 |
| 11 | 排烟处氧含量 | ±0.1% |
| 12 | 排烟处一氧化碳含量 | $±1×10^{-6}$ |
| 13 | 排烟处二氧化碳含量 | ±0.1% |

6）测试项目及方法

（1）排烟温度。在炉子尾部排烟处 1m 之内开孔布置测点，测定排烟温度，测温热电偶应插入烟道中心处，并保持热电偶插入处的密封。

（2）炉体表面温度、热流密度。测试前用红外测温仪或其他表面温度仪表进行预备性测试，找出异常部位。

均质保温区按下列要求布点：

① 圆筒型应按下列要求分别在筒体、端面布置测点。

筒体：应沿轴向均匀取 3 个测试截面，每个截面测点不少于 4 个。

端面：以 1/3~2/3 半径划 2 个同心圆，每同心圆上布 4 个测点。

② 方型、多边形布点要求。

在壁面上间隔 1m 划分若干正交网格，每 $1m^2$ 布置 1 个测点。

对于上述测试发现异常部位需加密测点并单独布点测试，测量其表面积。

③ 均匀保温和异常部位布点要求。

对于非均匀保温和无保温面、引出件和人孔等散热异常部位，应单独布点测试，并测量其表面积。

（3）空气系数。烟气取样与测量排烟温度同步进行，测定烟气中 $O_2$，$CO_2$，$CO$ 和 $NO_x$ 的百分含量。

（4）燃料消耗量测定。采用现场流量计进行测定，流量计必须在检定周期内且满足准确度要求。

（5）介质流量的测定。采用便携式流量计现场进行测定，流量计必须在检定周期内，并满足准确度要求。

（6）介质温度的测定。采用标准玻璃水银温度计(0.1℃刻度)在介质进出、口处进行测定。

7）燃油、燃气加热炉和锅炉节能监测项目与指标要求

燃油、燃气加热炉和锅炉节能监测项目与指标要求见表6-1-5至表6-1-7。

**表6-1-5　燃油加热炉节能监测项目与指标要求**

| 监测项目 | 评价指标 | $0.35<D\leq1.8$ | $1.8<D\leq2.5$ | $2.5<D\leq5.0$ | $5.0<D\leq8.0$ | $D>8.0$ |
|---|---|---|---|---|---|---|
| 排烟温度（℃） | 直接加热炉限定值 | ≤230 | ≤220 | ≤215 | ≤210 | ≤205 |
| | 热媒炉限定值 | ≤190 | ≤180 | ≤175 | ≤165 | ≤160 |
| 空气系数 | 限定值 | ≤2.0 | ≤1.8 | ≤1.7 | ≤1.5 | ≤1.4 |
| 炉体外表面温度（℃） | 限定值 | ≤50 | | | | |
| 热效率（%） | 限定值 | ≥78 | ≥82 | ≥84 | ≥86 | ≥87 |
| | 节能评价值 | ≥81 | ≥85 | ≥86 | ≥88 | ≥89 |

注：$D$为加热炉额定容量，单位为MW。

**表6-1-6　燃气加热炉节能监测项目与指标要求**

| 监测项目 | 评价指标 | $0.35<D\leq1.8$ | $1.8<D\leq2.5$ | $2.5<D\leq5.0$ | $5.0<D\leq8.0$ | $D>8.0$ |
|---|---|---|---|---|---|---|
| 排烟温度（℃） | 直接加热炉限定值 | ≤225 | ≤220 | ≤215 | ≤210 | ≤205 |
| | 热媒炉限定值 | ≤190 | ≤180 | ≤175 | ≤165 | ≤160 |
| 空气系数 | 限定值 | ≤1.9 | ≤1.7 | ≤1.6 | ≤1.5 | ≤1.4 |
| 炉体外表面温度（℃） | 限定值 | ≤50 | | | | |
| 热效率（%） | 限定值 | ≥80 | ≥83 | ≥85 | ≥86 | ≥88 |
| | 节能评价值 | ≥83 | ≥86 | ≥87 | ≥88 | ≥90 |

注：$D$为加热炉额定容量，单位为MW。

**表6-1-7　燃油（气）锅炉节能监测项目与指标要求**

| 监测项目 | 评价指标 | $0.03\leq D<0.7$ | $0.7\leq D<1.4$ | $1.4\leq D<2.8$ | $2.8\leq D<7.0$ | $7.0\leq D<14.0$ | $D\geq14.0$ |
|---|---|---|---|---|---|---|---|
| 排烟温度（℃） | 限定值 | ≤235 | ≤225 | ≤210 | ≤195 | ≤180 | ≤170 |
| 空气系数 | 限定值 | ≤1.8 | ≤1.7 | ≤1.6 | ≤1.6 | ≤1.6 | ≤1.5 |
| 炉体外表面温度（℃） | 炉侧限定值 | ≤50 | | | | | |
| | 炉顶限定值 | ≤70 | | | | | |
| 热效率（%） | 限定值 | ≥75 | ≥78 | ≥82 | ≥86 | ≥87 | ≥89 |
| | 节能评价值 | ≥78 | ≥81 | ≥84 | ≥88 | ≥89 | ≥90 |

注：$D$为锅炉额定容量，单位为MW。

8）热负荷和热效率的计算

（1）热负荷的计算。

① 正平衡热负荷的计算。

$$Q = D(h_{out} - h_{in}) \tag{6-1-16}$$

式中　$Q$——加热炉热负荷，kJ/h；

　　　$D$——被加热介质流量，kg/h；

$h_{our}$——被加热介质出口焓值,kJ/kg;

$h_{in}$——被加热介质进口焓值,kJ/kg。

② 反平衡热负荷的计算。

$$Q = \eta B Q_{net,v,ar} \tag{6-1-17}$$

式中　$\eta$——加热炉热效率,%;

　　　$B$——燃料消耗量,kg/h 或 $m^3/h$;

　　　$Q_{net,v,ar}$——燃料收到基低位发热值,kJ/kg 或 $kJ/m^3$。

（2）热效率。

① 锅炉热效率计算按 GB/T 10180《工业锅炉热工性能试验规程》执行。

a. 输入热量。

$$Q_r = Q_{net,v,ar} + Q_{wl} + Q_{rx} + Q_{zy} \tag{6-1-18}$$

式中　$Q_{net,v,ar}$——燃料收到基低位发热量,kJ/kg 或 $kJ/m^3$;

　　　$Q_{wl}$——用外来热量加热燃料或空气时,相应于每千克或标准状态下每立方米燃料所给的热量,kJ/kg 或 $kJ/m^3$;

　　　$Q_{rx}$——燃料的物理热,kJ/kg 或 $kJ/m^3$;

　　　$Q_{zy}$——自用蒸汽带入炉内相应于每千克或标准状态下每立方米燃料的热量,kJ/kg 或 $kJ/m^3$。

在计算时,一般以燃料收到基低位发热值为准,如有外来热量(自用蒸汽、燃料经过加热)应加入计算。

b. 饱和蒸汽锅炉正平衡效率。

$$\eta_1 = \frac{D_{gs}\left(h_{bq} - h_{gs} - \dfrac{\gamma\omega}{100}\right) - G_s\gamma}{BQ_r} \times 100\% \tag{6-1-19}$$

式中　$D_{gs}$——给水流量,kg/h;

　　　$h_{bq}$——饱和蒸汽焓,kJ/kg;

　　　$h_{gs}$——给水焓,kJ/kg;

　　　$\omega$——蒸汽湿度,%;

　　　$\gamma$——汽化潜热,kJ/kg;

　　　$G_s$——锅炉排污量,kg/h;

　　　$B$——燃料消耗量,kg/h 或 $m^3/h$;

　　　$Q_r$——输入热量,kJ/kg 或 $kJ/m^3$。

c. 过热蒸汽锅炉正平衡效率。

ⅰ. 测量给水流量时。

$$\eta_1 = \frac{D_{gs}(h_{gq} - h_{gs}) - G_s\gamma}{BQ_r} \times 100\% \tag{6-1-20}$$

ⅱ. 测量过热蒸汽流量时。

$$\eta_1 = \frac{(D_{sc} + G_q)(h_{gq} - h_{gs}) + D_{zy}(h_{zy} - h_{gs} - \dfrac{\gamma\omega}{100}) + G_q(h_{bq} - \gamma - h_{gs})}{BQ_r} \times 100\% \tag{6-1-21}$$

式中　$D_{sc}$——输出蒸汽量，kg/h；

$G_q$——蒸汽取样量，kg/h；

$h_{gq}$——过热蒸汽焓，kJ/kg；

$h_{gs}$——给水焓，kJ/kg；

$D_{zy}$——自用蒸汽量，kg/h；

$h_{zy}$——自用蒸汽焓，kJ/kg；

$h_{bq}$——饱和蒸汽焓，kJ/kg。

d. 热水锅炉正平衡效率。

$$\eta_1 = \frac{G(h_{cs} - h_{js})}{BQ_r} \times 100\% \tag{6-1-22}$$

式中　$G$——循环水量，kg/h；

$h_{cs}$——出水焓，kJ/kg；

$h_{js}$——进水焓，kJ/kg；

$B$——燃料消耗量，kg/h 或 m³/h。

e. 反平衡热效率计算。

$$\eta_2 = 100 - (q_2 + q_3 + q_4 + q_5 + q_6) \tag{6-1-23}$$

式中　$q_2$——排烟热损失，%；

$q_3$——气体不完全燃烧热损失，%；

$q_4$——固体不完全燃烧热损失，%；

$q_5$——散热损失，%；

$q_6$——灰渣物力热损失，%。

以上热损失需要对设备进行测试获得，目前除了散热损失外，其他4种损失均可以利用热效率分析仪同时测得。

② 加热炉热效率计算按 SY/T 6381《石油工业用加热炉热工测定》执行。

a. 有效输出热量计算。

ⅰ. 被加热介质为水。

被加热介质输入热量：

$$Q_{W\,in} = D_W(h_{in} - h_0) \tag{6-1-24}$$

被加热介质输出热量：

$$Q_{W\,out} = D_W(h_{out} - h_0) \tag{6-1-25}$$

被加热介质有效输出热量：

$$Q_W = Q_{W\,out} - Q_{W\,in} = D_W(h_{out} - h_{in}) \tag{6-1-26}$$

式中　$Q_{W\,in}$——被加热介质为水时的输入热量，kJ/h；

$Q_{W\,out}$——被加热介质为水时的输出热量，kJ/h；

$D_W$——被加热水流量，kg/h；

$h_{in}$——加热炉进水焓，kJ/kg；

$h_{out}$——加热炉出水焓，kJ/kg；

$h_0$——水在基准温度时的焓，kJ/kg。

ⅱ. 被加热介质为油。

被加热介质输入热量：

$$Q_{0\,in} = D_0 \rho_0 (h_{in} c_{in} - h_0 c_0) \qquad (6-1-27)$$

被加热介质输出热量：

$$Q_{0\,out} = D_0 \rho_0 (h_{out} c_{out} - h_0 c_0) \qquad (6-1-28)$$

被加热介质有效输出热量：

$$Q_0 = Q_{0\,out} - Q_{0\,in} = D_0 \rho_0 (h_{out} c_{out} - h_{in} c_{in}) \qquad (6-1-29)$$

式中　$Q_{0\,in}$——被加热介质为油时的输入热量，kJ/h；

　　　$Q_{0\,out}$——被加热介质为油时的输出热量，kJ/h；

　　　$D_0$——被加热原油流量，m³/h；

　　　$\rho_0$——原油在流量测定温度时的密度，kg/m³；

　　　$c_{in}$——实测进口温度与0℃时原油比热容的平均值，kJ/（kg·℃）；

　　　$c_0$——基准温度与0℃时原油比热容的平均值，kJ/（kg·℃）；

　　　$c_{out}$——实测出口温度与0℃时原油比热容的平均值，kJ/（kg·℃）。

b. 原油比热容计算。

$$c_i = \frac{4.1868}{\sqrt{\rho_o^{15}}} (0.403 + 0.00081 t_i) \qquad (6-1-30)$$

式中　$\rho_o^{15}$——原油在15℃时的密度，kg/m³；

　　　$t_i$——原油被测温度，℃。

c. 供给热量计算。

$$Q_r = (Q_{net,v,ar} + Q_{W1} + Q_{rx}) B \qquad (6-1-31)$$

式中　$Q_{net,v,ar}$——燃料收到基低位发热量，kJ/kg 或 kJ/m³；

　　　$Q_{W1}$——用外来热量加热空气时，相当于标准状态下每千克或标准状态下每立方米燃料所提供的热量，kJ/kg 或 kJ/m³；

　　　$Q_{rx}$——燃料的物力热，kJ/kg 或 kJ/m³。

d. 热效率计算。

ⅰ. 正平衡法计算。

$$\eta_1 = \frac{Q}{Q_r} \times 100 \qquad (6-1-32)$$

式中　$Q$——有效输出热量（根据加热介质不同，取 $Q_w$ 或 $Q_0$）。

ⅱ. 反平衡法计算。

③ 热媒炉热效率计划按 Q/SY GD0108—2017《主要耗能设备能耗测试评价规范》执行。

a. 含辅机系统热效率计算。

ⅰ. 正平衡热效率计算公式。

$$\eta_1 = \frac{Q_1}{Q_{net,v,ar} + Q_f + Q_a + Q_p} \times 100\% = \frac{D(h_{out} - h_{in})}{B(Q_{net,v,ar} + Q_f + Q_a + Q_p)} \times 100\% \qquad (6-1-33)$$

$$Q_1 = \frac{D}{B}(h_{out} - h_{in})$$

$$Q_f = c_f(t_f - t_0)$$

$$Q_a = V_a ( h_a - h_{0a} )$$

$$Q_p = \frac{12560P}{B}$$

$$h_{in} = C_{in} t_{in}$$

$$h_{out} = C_{out} t_{out}$$

式中　$Q_1$——热媒间接加热装置的有效输出热，kJ/kg；

　　　$Q_f$——燃料的显热，kJ/kg 或 kJ/m³；

　　　$Q_a$——助燃空气显热，kJ/kg；

　　　$Q_a$——附机输入能量，kJ/kg；

　　　$P$——附机总耗电量，kW；

　　　$D$——介质流量，kg/h；

　　　$B$——燃料消耗量，kg/h 或 m³/h；

　　　$h_{in}$——介质进换热器焓，kJ/kg；

　　　$h_{out}$——介质出换热器焓，kJ/kg；

　　　$c_f$——燃料比热容，kJ/（kg·℃）；

　　　$t_f$——燃料温度，℃；

　　　$t_0$——基准温度，℃；

　　　$V_a$——助燃空气量，m³/kg；

　　　$h_a$——助燃空气焓，kJ/m³；

　　　$h_{0a}$——基准温度下空气焓，kJ/m³。

　ⅱ. 反平衡热效率计算公式。

$$\eta_2 = \left( 1 - \frac{Q_2 + Q_3 + Q_4 + Q_5 + Q_6}{Q_{net,v,ar} + Q_f + Q_a + Q_p} \right) \times 100\% = ( 100 - q_2 - q_3 - q_4 - q_5 - q_6 ) \times 100\% \quad (6-1-34)$$

　b. 不含辅机系统热效率计算。

　ⅰ. 正平衡热效率计算公式。

$$\eta_1 = \frac{Q_1}{Q_{net,v,ar} + Q_f + Q_a} \times 100\% = \frac{D( h_{out} - h_{in} )}{B( Q_{net,v,ar} + Q_f + Q_a )} \times 100\% \quad (6-1-35)$$

　ⅱ. 反平衡热效率计算公式。

$$\eta_2 = \left( 1 - \frac{Q_2 + Q_3 + Q_4 + Q_5}{Q_{net,v,ar} + Q_f + Q_a} \right) \times 100\% = ( 100 - q_2 - q_3 - q_4 - q_5 ) \times 100\% \quad (6-1-36)$$

　c. 热媒炉(不含辅机)热效率计算。

　ⅰ. 正平衡热效率计算公式。

$$\eta'_1 = \frac{Q_1}{Q_{net,v,ar} + Q_f + Q_a} \times 100\% = \frac{D( h_{m.out} - h_{m.in} )}{B( Q_{net,v,ar} + Q_f + Q_a )} \times 100\% \quad (6-1-37)$$

式中　$h_{m.in}$——热媒进炉焓(查焓温表 $t_{m.in}$℃时的焓)，kJ/kg；

　　　$h_{m.out}$——热媒出炉焓(查焓温表 $t_{m.out}$℃时的焓)，kJ/kg。

　ⅱ. 反平衡热效率计算公式。

$$\eta'_2 = \left( 1 - \frac{Q_2 + Q_3 + Q_4 + Q_5}{Q_{net,v,ar} + Q_f + Q_a} \right) \times 100\% = ( 100 - q_2 - q_3 - q_4 - q_5 ) \times 100\% \quad (6-1-38)$$

d. 热媒/介质换热器热效率计算。

i. 正平衡热效率计算公式。

$$\eta''_1 = \frac{Q_1}{Q'_1} \times 100\% = \frac{D(h_{out} - h_{in})}{D_m(h'_{m.in} - h'_{m.out})} \times 100\% \qquad (6-1-39)$$

其中

$$Q'_1 = \frac{D_m}{B}(h'_{m.in} - h'_{m.out})$$

式中　$Q'_1$——热媒在换热器中放出的热，kJ/kg；

　　　$h'_{m.in}$——热媒进换热器焓，kJ/kg；

　　　$h'_{m.out}$——热媒出换热器焓，kJ/kg。

ii. 反平衡热效率计算公式。

$$\eta''_2 = \left(1 - \frac{Q_7}{Q_1}\right) \times 100\% \qquad (6-1-40)$$

式中　$Q_7$——换热器表面散热损失。

9）被测单位的现场配合

（1）根据监测单位测试需要提供被测设备的相关技术参数或资料；

（2）向监测单位说明被测设备存在的问题；

（3）负责管线保温层的拆卸与恢复，协助进行流量测试；

（4）负责加热设备热负荷的调节；

（5）根据需要完成其他现场配合，使具备测试条件。

## 三、节能监测工作内容

（1）按照中国石油天然气集团公司（以下简称集团公司）有关"重点耗能用水设备、系统、装置每5年至少监测一次"的要求，结合本站设备现状、大修情况及历年检测情况，每年10月底向管道公司生产处报送下年度耗能用水重点设备、装置和系统的节能监测建议计划。

（2）根据集团公司下达的《节能节水监测计划》，了解运行工况，提前与监测单位和相关的调度机构联系，在满足测试条件的情况下与监测单位沟通确定监测时间。同一地区的设备或系统应尽量安排在相近的时间测试，以降低监测成本。

（3）审核监测单位提供的测试方案，对不适合本单位的内容提出修改建议，确保能够顺利实施。

（4）在监测单位进入现场测试前，应对测试人员进行入场安全教育，并安排专人配合，向监测单位介绍与监测任务有关的工艺、设备概况及安全注意事项。

（5）向测试单位提供生产工艺流程图及有关设计资料、被测设备基本情况（如：名称、型号、能源类型、容量、更新改造、维护、维修等历史资料及运行、测试情况等）等技术资料。

（6）做好现场配合及协调工作，使现场具备必要的工作条件，保证监测工作的正常开展；监督监测单位严格按相应的节能监测方案和有关标准、规程及测试要求进行测试。

（7）审核监测单位提供的测试基本情况、监测数据等材料，并签字确认。

（8）根据监测单位测试报告中提出的问题及整改建议，制订整改措施并组织实施，将《主要耗能设备监测整改记录单》发公司主管部门，见表6-1-8。

### 四、相关要求

（1）主要用能用水设备每五年至少进行一次节能节水监测。

（2）被测试单位和测试单位要共同协调、配合，按时完成测试计划。

（3）被监测单位对监测结果有异议时，应在接到节能监测机构出具的监测报告15个工作日内，向公司主管部门提出申诉。

（4）节能监测机构应当客观、公正、及时地出具监测报告，并对监测结果负责。确保数据真实、准确、无误，测试结果真实、完整、可靠。

（5）集团公司级节能监测机构应通过国家计量认证，所属企业级节能监测机构应通过省级以上（含）计量认证。

表6-1-8　主要耗能设备监测整改记录单

GDGS/ZY 73.02-02/JL-01

| 站队名称 | | 设备编号及名称 | | 监测时间 | |
|---|---|---|---|---|---|
| 监测存在问题及建议 | | | | | |
| 整改负责人 | | | 整改完成时间 | | |
| 整改措施及实施效果 | | | | | |

保存地点：站队；保存期：2年。

# 第二节　节能节水型企业创建

建设节约型社会是党中央、国务院提出的战略任务，是坚持和落实科学发展观，实现社会可持续发展，构建和谐社会的必然要求，建设节约型企业是落实国家能源、资源法律法规及管理制度的重要措施，是转变工业发展方式的迫切要求；既是落实科学发展观的客观需要，更是提高企业经济效益的必然要求。建设节约型企业是提高经济效益，实现又好又快健康发展战略目标的重要手段。

## 一、节能节水型企业创建内容

（1）组建本单位节能节水工作领导小组，并根据人员变动情况进行适时调整，定期召开会议，根据实际情况解决存在问题、部署下一阶段节能节水工作任务。

（2）每年初，在接到上级下达的能源消耗计划后，根据输油气计划安排，历史可比输量台阶、运行工况及岗位性质，考虑目前设备维护保养及测试效率，对计划指标作进一步分解，量化到班组，责任到人。在计划分解后，每月应根据不同班组所输油气量，压力及温度的升高幅度，计算油的万吨·℃油耗和万吨·兆帕电耗及节流情况对班组进行考核。

（3）根据上级下达的能源消耗计划及工作安排，制订本单位节能节水工作计划，落实节能措施，随着时间的推移，依据届时已完成输油气计划及能源消耗指标的比例情况，分析前段各项参数运行情况及设备效率，根据季节及气温、地温的变化及时测算、跟踪后期管线运行参数的变化及所需各种能源消耗量，使能源消耗量控制在公司下达的计划指标之内。

（4）跟踪站场设备及参数运行情况，发现问题及时与调度沟通，提出合理化建议，优化运行方案，使设备、管网、水力、热力等综合利用效率处于较高水平，避免运行参数控制不合理，节流及热力损失严重等现象发生。

（5）开展炉工小班单耗竞赛活动，最大限度提高单体设备运行效率；根据国家实施的"峰、谷、平"电价政策，积极利用有利时机开展"避峰用谷"运行，实现降本增效。

（6）建立健全主要耗能设备及低效高耗设备统计台账（设备专业统一建立，能源技术员直接引用），掌握设备状况，确保高效炉、高效泵及调速设备、吹灰装置、冷凝水回收系统的完好，提高综合效率和节能设施的在线率。

（7）按时对监测仪表进行巡检，掌握在线仪表的运行状况及在线精度，严格控制三大参数（排烟温度、烟气含氧量、出站温度），提高热能利用率。

（8）积极配合相关调度部门完成优化运行工作，提高电能的利用率，解决好"大马拉小车"问题，制订多台阶下的优化运行方案。维护好无功补偿装置，功率因数应保持在 0.9 以上，单站节流损失不大于 0.4MPa。

（9）于每年 6 月，按照国家节能宣传周安排及公司有关通知，开展好本单位的节能宣传工作，并按要求提交开展活动的总结报告。

## 二、节能节水型企业创建评价考核程序

（1）根据集团公司每年 11-12 月进行"节能节水型企业"评价考核的实际情况，按照表 6-2-1 中国石油管道公司节能节水型企业考核评分标准（以下简称"考核评分标准"）和公司下达的"管道公司输油气生产能源消耗计划"，各输油气单位组织开展节能节水型企业的创建及自评考核工作，并于每年 9 月 30 日前，将本单位的创建自评报告及推荐节能单项奖的项目材料报送管道公司生产处。

（2）评价考核。在各输油气单位自评考核的基础上，公司组织开展节能节水型企业的评价考核，考核以现场检查、日常管理、指标考核、监测考核和统计分析相结合的方式。

（3）现场考核组织实施。结合公司年度业绩考核工作安排及分组情况，每组设一名能源管理考核员，负责节能节水型企业的现场评价考核工作。

（4）现场检查考核采取听、查、看、问等方式，依据考核评分标准进行现场检查，对有关信息进行收集、记录和验证，检查考核的重点为各输油气单位的主要用能用水单位和重点项目。

（5）对输油气单位的考核评价，在现场检查的基础上，经综合考核评定后形成。

（6）综合考核评定依据"考核评分标准"进行，并纳入《专业管理（三基）考核标准管理规定》的"生产管理业务"考核标准内容之一。

（7）考核评分根据实际符合"考核评分标准"的程度给予不同分值，并应遵循公正、公平、科学、合理原则。

（8）输油气单位单项考核分值为该单位各检查站队、部门的同一考核项目分值的平均值，综合分值为按"考核评分标准"汇总的总分值。

（9）能源管理考核员应对检查考核情况进行汇总、分析，形成考核材料，并汇入公司业绩考核报告。

表 6-2-1　中国石油管道公司节能节水型企业考核评分标准

| 序号 | 考核分类 | 标准分 | 考核内容 | | 评分标准 |
|---|---|---|---|---|---|
| 一 | 指标 | 40 | 指标完成 | 完成公司下达的年度能源消耗计划指标 | 未完成年度下达计划指标此项不得分 |
| 二 | 基础管理 | 27 | 制度体系（10分） | （1）成立由主要负责人为组长的节能节水工作领导小组，定期召开会议，研究部署节能节水工作，并对生产经营及设备运行情况进行分析；<br>（2）认真贯彻执行上级有关能源．资源管理政策、文件、通知要求，做到政令畅通；<br>（3）建立健全本单位节能节水工作的各项管理制度和标准体系，并严格贯彻执行；<br>（4）有节能节水归口管理机构和专（兼）职节能管理岗位，设有专人负责；<br>（5）实行主要领导负责制，各部门、岗位节能职责明确；<br>（6）节能节水管理人员应具有大专（含）以上学历或中级（含）以上技术职称，具备相关专业技术工作经验 | （1）未成立节能工作领导小组扣1分；<br>（2）领导小组每年至少召开2次会议，研究部署节能节水工作，每少1次扣2分；<br>（3）每季度至少召开一次涉及节能节水专题内容的生产经营活动及设备运行情况分析会，每少1次扣0.5分；<br>（4）未认真贯彻执行上级文件、政策、要求，发现一次扣2分；<br>（5）未健全本单位节能节水管理制度和标准体系，扣2分；<br>（6）没有节能节水管理机构或专（兼）职节能管理岗位扣1分；<br>（7）各部门、岗位节能职责不明确扣1分；<br>（8）节能节水管理人员不具备大专（含）以上学历或中级（含）以上技术职称扣1分 |
| | | | 指标管理（10分） | （1）建立合理、可操作性强的用能、用水计划指标考核体系，并实行用能、用水计划指标考核管理；<br>（2）节能节水纳入年度各级业绩考核，考核目标层层分解，有奖罚措施，得以落实；<br>（3）车辆耗油实行百公里定额管理 | （1）未建立合理、可操作性强的用能、用水计划指标考核体系扣2分；<br>（2）能耗指标未纳入年度各级业绩考核扣2分；<br>（3）考核指标未进行逐级分解扣1分；没有措施扣1分，没有落实扣2分；<br>（4）车辆耗油未实行百公里定额管理扣2分 |
| | | | 统计管理（7分） | （1）有完善的统计制度、规范的统计报表，统计时间统一，统计数据真实准确；<br>（2）能源和水资源消耗的原始记录、台账齐全、完整，并按相关规定存档；<br>（3）统计分析有针对性，对指标变化和存在问题有分析、措施和落实；<br>（4）报表及分析报告上报及时，生产系统数据齐全、准确、无差错 | （1）统计时间不统一扣1分，统计数据不真实发现1次扣2分；<br>（2）原始记录、台账不齐全，一项扣0.5分；<br>（3）统计分析对节能工作指导性不强扣1分；对存在问题没有整改措施或建议扣1分；<br>（4）统计报表和分析未及时上报扣2分，生产系统数据上报不全，1次扣1分，差错一项扣0.2分 |

| 序号 | 考核分类 | 标准分 | 考核内容 | 评分标准 |
|---|---|---|---|---|
| 三 | 年度工作 | 28 | 监测管理（5分）<br>(1) 每年10月向管道公司报送耗能用水重点设备、装置和系统的节能节水监测建议计划；<br>(2) 根据管道公司下达的年度节能节水监测计划认真组织实施，配合监测单位进行现场监测，并对监测情况进行签字确认；<br>(3) 根据监测报告提出的整改意见及时进行整改 | (1) 未按时上报监测建议计划扣1分；<br>(2) 未按时完成公司下达的监测计划，每少1台次扣0.5分；<br>(3) 在监测过程中配合不利、测试结果不能体现设备的真实情况，发现1项扣0.5分（如：设备负荷、排烟温度、含氧量、热效率等），未签字确认扣2分；<br>(4) 未根据监测报告提出的整改意见，制订相应的整改措施扣2分，未按照整改措施实施整改扣1分 |
|  |  |  | 技术措施（10分）<br>(1) 分析节能节水潜力，制订和实施有效技术挖潜措施，有计划、有步骤地进行节能节水技术改造和新技术推广；<br>(2) 按规定淘汰落后耗能用水工艺、设备和产品目录，制订落后耗能用水工艺、设备和产品淘汰计划，并逐步实施；<br>(3) 节能节水项目资金要专款专用，计划完成率达到80%以上，节能量（节水量）达到设计值；<br>(4) 重点耗能用水设备、新改扩建项目用能用水技术产品实施准入管理 | (1) 未制订节能节水技术挖潜措施扣2分；<br>(2) 方案未得到有效实施扣1分；<br>(3) 未能积极推广应用适宜的节能节水新技术、新工艺、新设备、新材料扣1分；<br>(4) 未制定落后耗能用水工艺、设备和产品淘汰计划扣1分；<br>(5) 节能节水项目年度计划完成率未达80%，每降低10%扣1分，节能（节水）量未达设计值扣2分；<br>(6) 重点耗能用水设备和节能节水技术产品的购买未执行《中国石油管道公司市场准入管理办法》扣1分；<br>(7) 购入的节能节水技术产品没有相应资质单位出具的检验审核报告扣2分 |
|  |  |  | 合理用能（7分）<br>(1) 优化运行方案，严格按照相关规程，合理控制运行参数，调度令应明确出站压力、温度；<br>(2) 严格执行调度令，按令控制运行参数；<br>(3) 合理控制加热设备及热管网的表面温度≤50℃，控制加热设备运行过程中的烟气含氧量≤6% | (1) 调度令一次未明确出站压力、温度等运行参数扣2分；<br>(2) 未按调度令明确的运行参数运行，发现1次扣2分；<br>(3) 热设备及热管网的表面温度≥50℃发现1处扣0.5分；<br>(4) 加热设备运行过程中的烟气含氧量≥6%发现一次扣1分；<br>(5) 调度令工艺运行参数不合理每次扣2分 |
|  |  |  | 计量管理（6分）<br>(1) 能源计量器具配备符合GB 17167和GB/T 20901等标准要求，主要耗能设备实现单机计量；<br>(2) 能源（用水）计量器具管理台账齐全、准确；<br>(3) 制订能源、水资源计量仪表周期检定计划；<br>(4) 按计划进行计量器具检定（校准），并在检定期内使用 | (1) 能源计量器具配备1处不符合相关标准要求扣0.5分；<br>(2) 主要耗能设备未实现单机计量1台扣0.5分；<br>(3) 未建立能源（用水）计量器具管理台账扣0.5分；<br>(4) 未制订能源、水资源计量仪表周期检定计划扣1分；<br>(5) 未按计划进行计量器具检定（校准）发现1台套扣0.5分，未在检定期内使用1台扣2分 |

| 序号 | 考核分类 | 标准分 | 考核内容 | | 评分标准 |
|---|---|---|---|---|---|
| 四 | 基本功训练 | 5 | 业务技能（5分） | （1）积极开展全员节能活动，宣传节能节水法律法规政策和先进典型，普及节能节水科学知识；<br>（2）完成岗位人员业务学习和技能培训任务，使岗位员工熟悉本岗位影响能耗和设备效率的主要因素及控制方法 | （1）岗位人员对本岗位业务工作涉及的主要政策、制度、办法不了解的扣1分，未按要求开展宣传工作扣1分；<br>（2）岗位人员未完成培训任务的扣1分；<br>（3）岗位员工不熟悉本岗位影响能耗和设备效率的主要因素及控制方法扣2分 |

# 附表 1　能源管理相关标准清单

（1）GB 17167—2006《能源计量器具配备和管理通则》

（2）GB 18613—2012《中小型三相异步电动机能效限定及能效等级》

（3）GB 19762—2007《清水离心泵能效限定值及节能评价值》

（4）GB 20052—2013《三相配电变压器能效限定值及节能评价值》

（5）GB 24500—2009《工业锅炉能效限定值及能效等级》

（6）GB 24848—2010《石油工业用加热炉能效限定值及能效等级》

（7）GB 50028—2006《城市燃气设计规范》

（8）GB 50160—2008《石油化工企业设计防火规范》

（9）GB 50251—2015《输气管道工程设计规范》

（10）GB 50253—2014《输油管道工程设计规范》

（11）GB 50264—2013《工业设备及管道绝热工程设计规范》

（12）GB/T 1.1—2009《标准化工作导则《第 1 部分：标准的结构和编写》

（13）GB/T 1.2—2009《标准化工作导则《第 2 部分：标准中规范性技术要素内容的确定方法》

（14）GB/T 2587—2009《用能设备能量平衡通则》

（15）GB/T 2588—2000《设备热效率计算通则》

（16）GB/T 2589—2008《综合能耗计算通则》

（17）GB/T 3484—2009《企业能量平衡通则》

（18）GB/T 3485—1998《评价企业合理用电技术导则》

（19）GB/T 3486—1993《评价企业合理用热技术导则》

（20）GB/T 4272—2008《设备及管道保温技术导则》

（21）GB/T 6422—2009《用能设备能量测试导则》

（22）GB/T 7119—2006《节水型企业评价导则》

（23）GB/T 8174—2008《设备及管道绝热效果的测试与评价》

（24）GB/T 8175—2008《设备及管道绝热设计导则》

（25）GB/T 8222—2008《用电设备电能平衡通则》

（26）GB/T 10180—2003《工业锅炉热工性能试验规程》

（27）GB/T 11062—2014《天然气发热量、密度、相对密度、沃泊指数的计算方法》

（28）GB/T 12452—2008《企业水平衡测试通则》

（29）GB/T 12497—2006《三相异步电动机经济运行》

（30）GB/T 12723—2008《单位产品能源消耗限额编制通则》

（31）GB/T 13234—2009《企业节能量计算方法》

（32）GB/T 13462—2008《电力变压器经济运行》

（33）GB/T 13466—2006《交流电气传动风机（泵类、空气压缩机）系统经济运行通则》

（34）GB/T 13467—2013《通风机系统电能平衡测试与计算方法》

（35）GB/T 13468—2013《泵类系统电能平衡的测试与计算方法》

（36）GB/T 13469—2008《离心泵混流泵轴流泵与旋涡泵系统经济运行》

（37）GB/T 13471—2008《节电技术经济效益计算与评价方法》

（38）GB/T 14909—2005《能量系统分析技术导则》

（39）GB/T 15316—2009《节能监测技术通则》

（40）GB/T 15317—2009《燃煤工业锅炉节能监测》

（41）GB/T 15320—2001《节能产品评价导则》

（42）GB/T 15587—2008《工业企业能源管理导则》

（43）GB/T 15910—2009《热力输送系统节能监测》

（44）GB/T 15911—1995《工业电热设备节能监测方法》

（45）GB/T 15913—2009《风机机组与管网系统节能监测》

（46）GB/T 16614—1996《企业能量平衡方法》

（47）GB/T 16615—1996《企业能量平衡表编制方法》

（48）GB/T 16616—1996《企业能源网络图绘制方法》

（49）GB/T 16664—1996《企业工配电系统节能监测方法》

（50）GB/T 16665—1996《空气压缩机组及供气系统节能监测方法》

（51）GB/T 16666—2012《泵类液体输送系统节能监测》

（52）GB/T 17166—1997《企业能源审计技术通则》

（53）GB/T 17357—2008《设备及管道绝热层表面热损失现场测定热流计法》

（54）GB/T 17471—1998《锅炉热网系统能源监测与计量仪表配备原则》

（55）GB/T 17954—2007《工业锅炉经济运行》

（56）GB/T 17357—2008《设备及管道绝热层表面热损失现场测定表面温度法》

（57）GB/T 1884—2000《原油和液体石油产品密度实验室测定法（密度计法）》

（58）GB/T 20604—2006《天然气词汇》

（59）GB/T 20901—2007《石油化工行业能源计量器具配备和管理要求》

（60）GB/T 23331—2009《能源管理体系要求》

（61）GB/T 24915—2010《合同能源管理技术通则》

（62）GB/T 25329—2010《企业节能规划编制通则》

（63）Q/SY 1065—2007《天然气凝液回收装置能源消耗指标计算》

（64）Q/SY 102—2004《企业用水指标计算方法》

（65）Q/SY 61—2011《节能节水统计指标术语及计算方法》

（66）Q/SY 151—2006《节能节水型企业考核评价规范》

（67）Q/SY 197—2012《油气管道输送损耗计算方法》

（68）Q/SY 1042—2007《原油输送管道节能经济运行规范》

（69）Q/SY 1043—2009《供热系统经济运行》

（70）Q/SY 1064—2010《固定资产投资工程项目可行性研究及初步设计节能节水篇（章）编写通则》

（71）Q/SY 1175—2009《原油管道运行与控制原则》

（72）Q/SY 1209—2009《油气管道能耗测算方法》

（73）Q/SY 1211—2009《节能节水型企业考核评价细则》

（74）Q/SY 1212—2009《能源计量器具配备规范》

（75）Q/SY GD 0108—2017《主要耗能设备能耗测试评价规范》

（76）SH/T 3003—2000《石油化工合理利用能源设计导则》

（77）SY/T 6066—2012《原油长输管道系统能耗测试和计算方法》

（78）SY/T 6234—2010《埋地输油管道总传热系数的测定》

（79）SY/T 6269—2010《石油企业常用节能节水词汇》

（80）SY/T 6275—2007《油田生产系统节能监测规范》

（81）SY/T 6375—2014《石油企业能源综合利用技术导则》

（82）SY/T 6381—2016《石油工业用加热炉热工测定》

（83）SY/T 6393—2008《输油管道工程设计节能技术规范》

（84）SY/T 6420—2008《油田地面工程设计节能技术规范》

（85）SY/T 6422—2016《石油企业用节能产品节能效果测定》

（86）SY/T 6472—2010《油田生产主要能耗定额编制方法》

（87）SY/T 6473—2009《石油企业节能技措项目经济效益评价方法》

（88）SY/T 6567—2010《天然气输送管道系统经济运行规范》

（89）SY/T 6637—2012《天然气输送管道系统能耗测试及计算方法》

（90）SY/T 6638—2005《天然气长输管道和地下储气库工程设计节能技术规范》

（91）SY/T 6722—2008《石油企业耗能用水统计指标与计算方法》

（92）SY/T 6723—2014《原油输送管道经济运行规范》

（93）SY/T 6837—2011《油气输送管道系统节能监测规范》

（94）DL/T 985—2012《配电变压器能效技术经济评价导则》

（95）JJ/G 164—2000《液体流量标准装置检定规程》

（96）JJ/G 198—1994《速度式流量计检定规程》

（97）JJ/G 1030—2007《超声流量计》

（98）JJ/G 1037—2008《涡轮流量计》

# 附表 2 能源相关法律法规清单

| 序号 | 法规名称 | 发布时间 | 发布机关 | 具体条款 | 对公司业务产生影响 | 关联的体系文件 |
|---|---|---|---|---|---|---|
| 1 | 《中华人民共和国计量法》 | 2015.4.24 | 全国人大 | 第五、第八、第九、第十一、第十七、第二十一及第三十六条 | 对公司能源消耗数据统计产生影响，可能影响数据真实性 | 《能源管理程序》《能源计量器具配备和管理规定》 |
| 2 | 《中华人民共和国统计法》 | 2010.1.1 | 全国人大 | 第一、第二、第六章及第二十一、第二十九、第三十和第三十一条 | 对公司能源消耗数据统计产生影响，可能影响数据真实性 | 《能源管理程序》《节能节水统计管理规定》 |
| 3 | 《中华人民共和国节约能源法》 | 2008.4.1 | 全国人大 | 除第三章的第三、第四、第五节外全部适用 | 对公司能源管理产生影响，可能影响节能减排效果 | 《能源管理程序》《能源计量器具配备和管理规定》《节能节水统计管理规定》《节能节水管理考核规定》《节能监测管理规定》 |
| 4 | 《中华人民共和国水法》 | 2002.10.1 | 全国人大 | 第四十八、第四十九、第五十一、第五十三条和第六、第七章 | 对公司的取用水产生影响，可能影响取水合法性，产生处罚 | 《能源管理程序》 |

# 附表3　公司能源相关规章制度清单

| 序号 | 类别 | 名称 | 发布时间 | 发布机关 | 对公司业务产生影响 | 关联的体系文件 |
|---|---|---|---|---|---|---|
| 1 | 集团 | 中油安〔2013〕21号中国石油天然气集团公司节能节水先进评选办法 | 2013.1.22 | 安全环保与节能部 | 指导节能节水工作 | 《能源管理程序》《节能节水管理考核规定》 |
| 2 | 集团 | 安全〔2013〕23号中国石油天然气集团公司固定资产投资项目节能评估和审查管理办法（试行） | 2013.1.30 | 安全环保与节能部 | 指导项目节能评估和审查 | 《能源管理程序》 |
| 3 | 集团 | 质量〔2010〕881号中国石油天然气集团公司节能节水统计管理规定 | 2010.12.29 | 质量管理与节能部 | 指导节能节水统计 | 《能源管理程序》《节能节水统计管理规定》 |
| 4 | 集团 | 质量〔2010〕880号中国石油天然气集团公司节能节水监测管理规定 | 2010.12.29 | 质量管理与节能部 | 指导节能监测 | 《能源管理程序》《节能监测管理规定》 |
| 5 | 集团 | 中油质〔2008〕480号中国石油天然气集团公司节能节水管理办法 | 2008.9.27 | 质量管理与节能部 | 指导节能节水工作 | 《能源管理程序》 |
| 6 | 集团 | 中油质安〔2004〕441号中国石油节能节水型企业评定办法 | 2004.8.20 | 质量管理安全环保部 | 指导节能节水工作 | 《能源管理程序》《节能节水管理考核规定》 |
| 7 | 股份 | 油质〔2010〕924号中国石油天然气股份有限公司节能监测管理规定 | 2010.12.31 | 质量管理与节能部 | 指导节能监测 | 《能源管理程序》《节能监测管理规定》 |
| 8 | 股份 | 油质〔2010〕925号中国石油天然气股份有限公司节能节水统计管理规定 | 2010.12.31 | 质量管理与节能部 | 指导节能节水统计 | 《能源管理程序》《节能节水统计管理规定》 |
| 9 | 股份 | 石油质〔2008〕378号中国石油天然气股份有限公司节能节水管理办法 | 2008.12.17 | 质量管理与节能部 | 指导节能节水工作 | 《能源管理程序》 |
| 10 | 股份 | 油质〔2008〕82号中国石油天然气股份有限公司节能节水考核办法 | 2008.1.25 | 质量管理与节能部 | 指导节能节水工作 | 《能源管理程序》《节能节水管理考核规定》 |
| 11 | 股份 | 石油质字〔2004〕45号中国石油天然气股份有限公司开展创建节能节水型企业活动实施方案 | 2004.3.3 | 质量管理与节能部 | 指导节能节水工作 | 《能源管理程序》《节能节水管理考核规定》 |

# 第三部分　能源工程师资质认证试题集

## 初级资质理论认证

### 初级资质理论认证要素细目表

| 行为领域 | 代码 | 认证范围 | 编号 | 认证要点 |
|---|---|---|---|---|
| 基础知识 A | A | 节能节水基础知识 | 01 | 能源基础知识 |
| | | | 02 | 水资源基础知识 |
| | | | 03 | 节能节水统计基础知识 |
| | B | 能源管理基础知识 | 01 | 热工基础及燃烧基本知识 |
| | | | 02 | 油气管道系统主要能耗设备基本知识 |
| | | | 03 | 油气管道工艺计算及节能基本知识 |
| | | | 04 | 油气管道的优化运行 |
| 专业知识 B | A | 能源计量管理 | 01 | 能源计量器具管理 |
| | | | 02 | 能源计量器具配备 |
| | B | 节能节水统计与分析 | 01 | 节能节水统计 |
| | | | 02 | 节能节水分析 |
| | C | 节能节水测试及<br>节能型企业创建 | 01 | 节能节水测试 |
| | | | 02 | 节能节水型企业创建 |

## 初级资质理论认证试题

一、单项选择题(每题 **4** 个选项，将正确的选项号填入括号内)

### 第一部分　基础知识

**节能节水基础知识部分**

1. AA01 一次能源包括(　　　)。

A. 原煤、原油、天然气、生物质能、水能、核燃料，以及太阳能、地热能、潮汐能等

B. 原煤、原油、天然气、生物质能、水能、核燃料以及火电、蒸汽等

C. 原油、天然气、煤气、焦炭、汽油、煤油、柴油、重油

D. 原油、天然气、重油、火电、水能，以及太阳能、地热能、潮汐能等

2. AA01 以下能源计量说法不正确的是(　　　)。

A. 一般固体能源、液体能源用质量单位计量，如 t

B. 计量液体能源也可使用 L，bbl 或 gal 等体积单位

C. 1t 原油等于 7bbl 原油

D. 如果要把体积换算成质量，则与液体能源的密度有关

3. AA03 以下说法(　　　)不是节能节水统计的基本原则和要求。

A. 谁消费，谁统计

B. 回收利用的余热、余能，蒸汽冷凝水等不作为消费(耗)量统计

C. 能源和新鲜水消费(耗)量中不包括转供给外单位的数量

D. 能源消耗量不包括在本企业施工的外施工单位的使用量

### 能源管理基础知识部分

4. AB01 在加热设备的运行中，受设备和燃烧技术的限制，若按理论空气量供入炉内，主要会造成(　　　)损失增加。

　A. 不完全燃烧热损失　　　　　　　　B. 排烟热损失

　C. 散热损失　　　　　　　　　　　　D. 各种热损失

5. AB01 以原油为燃料的加热设备运行时，其最佳含氧量区间为(　　　)。

　A. 1.9~6　　　　　B. 1.5~6　　　　　C. 1.9~7　　　　　D. 2.1~7.5

6. AB01 判断管道运行方案是否经济的指标是(　　　)。

　A. 热力费用最低　　B. 动力费用最低　　C. 总能耗费用最低　　D. 综合能耗量最低

7. AB02 下列调节方法哪一种最节能(　　　)。

　A. 减少输油泵级数　　　　　　　　　B. 切割叶轮外径

　C. 改变泵的转数　　　　　　　　　　D. 调节出口管路阀门开度

8. AB04 下列哪种说法不正确(　　　)。

　A. 为降低管道动力费用，每个月都需要进行清蜡

　B. 在热油管道的运行管理过程中，确定经济出站温度非常重要

　C. 热力费用随出站温度的升高而增加，动力费用随出站温度的升高而减少

　D. 当管壁积蜡时，输送能力降低，动力消耗增加

## 第二部分　专业知识

### 能源计量管理部分

9. BA01 以下关于能源计量器具管理的说法不正确的是(　　　)。

　A. 能源计量器具管理应建立能源计量器具一览表

B. 能源计量器具管理应实行分级分类管理

C. 能源计量器具管理应制订检定(校准)计划

D. 供方配备的计量仪表如果有问题，用能方可以自行更换

10. BA02 不参与用能单位总能耗量计算的主要用能设备其计量率应达(　　)以上。

A. 90%　　　　　　B. 92%　　　　　　C. 95%　　　　　　D. 98%

### 节能节水统计与分析部分

11. BB01 以下哪项不是管道企业单位工作量能耗指标(　　)。

A. 输油周转量油单耗　　　　　　　B. 输油(气)周转量综合单耗

C. 输油(气)综合能耗　　　　　　　D. 输气周转量综合气单耗

12. BB01 按照体系文件要求，每月末(　　)上午 8 时读取计量表数据，与上月表底之差作为本月的能耗数据。

A. 前二天　　　　B. 前一天　　　　C. 当天　　　　D. 后一天

### 节能节水测试及节能型企业创建部分

13. BC01 能源管理人员每年(　　)月底前向管道公司生产处报送下年度耗能用水重点设备、装置和系统的节能监测建议计划。

A. 8　　　　　　B. 9　　　　　　C. 10　　　　　　D. 11

14. BC02 分公司应维护好无功补偿装置，功率因数应保持在(　　)以上，单站节流损失不大于 0.4MPa。

A. 0.88　　　　　B. 0.9　　　　　C. 0.93　　　　　D. 0.95

15. BC01 每年分公司节能节水自评报告于(　　)前报生产处。

A. 9 月 30 日　　　　B. 9 月 10 日　　　　C. 10 月 1 日　　　　D. 10 月 31 日

16. BC01 功率为 2000kW 的原油泵机组效率限定值是(　　)。

A. 69%　　　　　B. 72%　　　　　C. 71%　　　　　D. 70%

17. BC01 功率为 5000kW 的燃油直接炉热效率限定值是(　　)。

A. 84%　　　　　B. 86%　　　　　C. 87%　　　　　D. 89%

## 二、判断题(对的画"√"，错的画"×")

### 第一部分　基础知识

### 节能节水基础知识部分

(　　)1. AA01 是否节约能源是个人的事，其他人无权干涉。

(　　)2. AA01 实物能耗是指用能单位在统计报告期内实际所消耗的各种能源实物量之和。

(　　)3. AA01 综合能耗是用能单位在统计报告期内，实际消耗的各种能源实物量按规定的计算方法和单位分别折算后的总和，单位 t(标准煤)。

能源管理基础知识部分

(    )4. AB01 各种形式的能量既不能产生，也不能消灭；能量可由一种形式转换到另一种形式，在转换过程中它们的总量保持不变。

## 第二部分 专业知识

能源计量管理部分

(    )5. BA01 体系文件规定，公司自用天然气计量器具检定周期为二年。
(    )6. BA02 公司所属每个站队即代表用能单位又充当次级用能单位和基本用能单元的角色。在消耗量的计算中，所有购入能源、资源和载能工质(电、天然气、汽柴油、水及蒸汽等)及作为燃料的自用能源(原油、天然气及成品油)均作为一级能源参与公司总能源消耗计算，是公司总消耗量的一部分。

节能节水统计与分析部分

(    )7. BB01 能源单价是指统计报告期内企业消耗的某种能源的平均价格。
(    )8. BB02 管道企业节能节水统计分析采用比较分析法。

节能节水测试及节能型企业创建部分

(    )9. BC01 加热炉、锅炉应正、反平衡法同时测试，测试结果以反平衡法为准。

## 三、简答题

## 第一部分 基础知识

节能节水基础知识部分

1. AA03 管道企业的主要耗能设备有哪些？
2. AA03 能源消耗统计定义？中国石油管道公司实物能源主要种类？
3. AA03 写出2条节能节水统计的原则？回收利用的余热、压缩空气、转供电是否作为能源消耗量统计？
4. AA01 什么叫综合能耗，写出计算公式及式中符号解释？

能源管理基础知识部分

5. AB02 过剩空气系数的定义及对设备效率的影响？
6. AB02 什么是加热设备的排烟温度？说明合理控制对能源利用效率及设备的影响？
7. AB02 请至少列出2种降低加热炉排烟温度可以采取的措施？
8. AB04 热油管道能耗费用主要有哪些？什么因素对能耗费用影响较大？
9. AB01 请写出燃料充分燃烧的条件？

10. AB02 泵的流量的定义？列出两种表示方式、单位及其换算？

## 第二部分　专业知识

### 能源计量管理部分

11. BA02 阐述中国石油管道公司主要耗能设备的计量要求？
12. BA01 列出 5 项能源计量器具一览表中需要记录的内容？
13. BA02 描述中国石油管道公司内部电力分级计量仪表的精度和校准要求？
14. BA02 描述燃料油消耗计量仪表的精度和检定要求？
15. BA02 阐述能源计量器具配备率的定义？

### 节能节水统计与分析部分

16. BB01 列出能源消耗的两种统计方法？石油石化企业采用哪种方法进行能源消耗量的统计和折算？
17. BB01 对于石油石化企业，阐述购入能源消费量的含义？
18. BB02 阐述中国石油管道公司对站队及分公司节能节水统计分析的要求。
19. BB02 列举至少 5 项影响管线能耗的主要因素。

### 节能节水测试及节能型企业创建部分

20. BC01 列出输油泵测试工况及时间要求。
21. BC01 阐述输油泵机组节能监测需测试评价的项目。
22. BC02 列出功率为 5000kW 的直接加热炉节能监测评价项目与指标限定值？
23. BC02 控制哪 3 项参数，可以提高热能利用率？
24. BC01 什么是加热设备的最大热负荷？

## 四、计算题

## 第二部分　专业知识

### 节能节水测试及节能型企业创建部分

1. BC01 已知某输油泵驱动电动机的输出功率为 1500kW，输油泵有效功率为 1200kW，求输油泵效率。

# 初级资质理论认证试题答案

## 一、单项选择题答案

1. A　　2. C　　3. D　　4. A　　5. A　　6. C　　7. C　　8. A　　9. D　　10. A

11. C　　12. B　　13. C　　14. B　　15. A　　16. D　　17. A

## 二、判断题答案

1. ×《中华人民共和国节约能源法》第九条规定：任何单位和个人都应当依法履行节能义务，有权检举浪费能源的行为。　2. ×不同实物能耗的计量单位不同，不能求和。实物能耗是指用能单位在统计报告期内实际所消耗的各种能源实物量。　3. √　4. √　5. ×公司自用天然气计量器具检定周期为6年。　6. √　7. √　8. ×管道企业根据节能节水统计工作需要，相应采取某种分析方法或者几种方法组合在一起使用。　9. ×加热炉、锅炉应正、反平衡法同时测试，测试结果以正平衡法为准。

## 三、简答题答案

1. AA03 管道企业的主要耗能设备有哪些？

答：管道企业的主要耗能设备有输油泵、加热炉(分直接炉和热媒炉)、锅炉、天然气压缩机等。

评分标准：答对一种得占25%。

2. AA03 能源消耗统计定义？中国石油管道公司实物能源主要种类？

答：能源消耗统计，是对报告期内企业实际消耗的各种能源(包括一次能源和二次能源)实物的数量进行统计和折算合计的过程。

目前，中国石油管道公司统计范围内的实物能源主要有原煤、原油、天然气、电力、汽油、柴油、液化气、热力(蒸汽)。

评分标准：答对得满分。

3. AA03 写出2条节能节水统计的原则？回收利用的余热、压缩空气、转供电是否作为能源消耗量统计？

答：原则：(1)谁消费、谁统计；(2)不重不漏

回收利用的余热、压缩空气、转供电均不作为能源消耗量统计。

评分标准：写对2条原则各占35%，余热、压缩空气、转供电是否统计各占10%。

4. AA01 什么叫综合能耗，写出计算公式及式中符号解释？

答：综合能耗是指用能单位在统计报告期内实际消耗的各种能源实物量，按规定的计算方法和单位分别折算后的总和。其计算式为：

$$E = \sum_{i=1}^{n} (e_i \cdot \rho_i)$$

式中　$E$——企业综合能耗，t(标准煤)；

　　　$e_i$——生产活动中消耗的第$i$种能源实物量，实物单位；

　　　$\rho_i$——第$i$种能源的折标系数；

　　　$n$——企业消耗的能源品种数。

评分标准：答对定义占40%，写出公式占30%，符号解释占30%。

5. AB02 过剩空气系数的定义及对设备效率的影响？

答：过剩空气系数是指实际供给的空气量与理论空气量之比。合理的过剩空气系数是实

现完全燃烧，提高设备效率的保障，过剩空气系数过小会增加不完全燃烧损失，而过大将造成烟气的容积相应增加，烟气流速提高，使排烟温度提高，增加排烟热损失，均造成热设备热效率降低。

评分标准：答对定义占30%，答对影响占70%。

6. AB02 什么是加热设备的排烟温度？说明合理控制对能源利用效率及设备的影响？

答：排烟温度是指烟气离开加热设备最后一组对流管，进入烟囱时的温度。降低排烟温度，可以减少加热设备热损失，提高热效率，从而节约燃料，降低运行成本。但排烟温度又不宜选择太低，否则会使受热面金属耗量增大，甚至产生烟气低温腐蚀，影响加热设备使用寿命。

评分标准：对排烟温度进行说明占40%，答出对能源利用效率及设备的影响各占30%。

7. AB02 请至少列出2种降低加热炉排烟温度可以采取的措施？

答：(1)定时吹灰，减少热阻，降低排烟温度。(2)在加热炉尾部设置空气预热器。(3)增加对流段的传热面积，更多地吸收烟气中的热量。(4)增设其他余热回收装置。(5)利用热管技术回收余热。

评分标准：以上5点列出任意2点均可，每答对1种得50%。

8. AB04 热油管道能耗费用主要有哪些？什么因素对能耗费用影响较大？

答：热油管道总能耗费用主要体现在输油泵的动力费用和原油加热所耗的热力费用上。输油站的出站温度对管道的动力费用和热力费用的影响很大。

评分标准：动力费用和热力费用各占30%，出站温度占40%。

9. AB01 请写出燃料充分燃烧的条件？

答：(1)具备一个高温环境；(2)提供适当的空气；(3)保证充足的燃烧时间。

评分标准：每写对1条得30%，全对得100%。

10. AB02 泵的流量的定义？列出两种表示方式、单位及其换算？

答：流量也叫排量，就是泵在单位时间内所输送的液体的数量，可用体积流量($Q$)或质量流量($G$)两种单位表示。

流量的质量单位和容量单位的换算关系如下：

$$G = Q\rho$$

式中　　$G$——质量流量，kg/s；

　　　　$Q$——体积流量，$m^3/s$ 或 $m^3/h$；

　　　　$\rho$——液体密度，$kg/m^3$。

评分标准：定义占20%；2种表示方式各占10%；换算关系式占30%；字符单位各10%。

11. BA02 阐述中国石油管道公司主要耗能设备的计量要求？

答：输油泵、压缩机及加热炉、热媒炉、锅炉(含4t及以上)作为中国石油管道公司的主要耗能设备应配备单机计量装置，对于功率较小的加热设备(4t以下锅炉)应以区域为单元配备合格的能源消耗计量器具。

评分标准：答出主要设备占60%，答出小功率设备占40%。

12. BA01 列出5项能源计量器具一览表中需要记录的内容？

答：计量器具名称、规格型号、准确度等级、测量范围、生产厂家、出场编号、安装使用地点、状态、检定(校准)时间。

评分标准：以上内容写出任意 5 项均可，每项占 20%。

13. BA02 描述中国石油管道公司内部电力分级计量仪表的精度和校准要求？

答：(1)中国石油管道公司内部电力分级计量的仪表按 GB 17167 和 GB/T 20901 要求配备合格的计量装置，其精度不低于 2.0 级；(2)分级电能表、单机计量电能表可每年随公司电气春检进行检定(校准)。

评分标准：2 条各占 50%。

14. BA02 描述燃料油消耗计量仪表的精度和检定要求？

答：(1)燃料油消耗计量仪表的精度等级应不低于 0.5 级；(2)公司自用燃料油计量器具检定周期为一年。

评分标准：2 条各占 50%。

15. BA02 阐述能源计量器具配备率的定义？

答：能源计量器具配备率是指能源计量器具实际安装配备数量占理论需要数量的百分数。

评分标准：答对得满分。

16. BB01 列出能源消耗的两种统计方法？石油石化企业采用哪种方法进行能源消耗量的统计和折算？

答：(1)统计方法有购入法和终端法。(2)石油石化企业采用购入法进行统计。

评分标准：答对(1)(2)各占 50%。

17. BB01 对于石油石化企业，阐述购入能源消费量的含义？

答：购入能源消耗量，是指报告期内企业生产过程中实际消费的本年及本年以前购入的各种一次能源和二次能源，包括产品生产过程中用作燃料动力、材料和生产非能源产品的原料，以及工艺用能；辅助生产系统和附属生产系统消耗的能源以及更新改造措施消耗、新产品试制消耗的能源。

评分标准：答对得满分。

18. BB02 阐述中国石油管道公司对站队及分公司节能节水统计分析的要求？

答：各输原油站队及各分公司要在统计数据准确、完整的基础上，做好统计分析工作；做到月度有简析，季度有分析，年度有总结；分公司每月 4 日或 6 日前在管道生产管理系统(PPS2.0)进行提交。

评分标准：各原油站队和分公司占 20%，分析频次占 60%，提交时间和方式占 20%。

19. BB02 列举至少 5 项影响管线能耗的主要因素？

答：输量、运行方式、运行温度、节流、来油温度、停输、动火、施工、检测、气候等因素。

评分标准：以上答出任意 5 项得满分，每项占 20%。

20. BC01 列出输油泵测试工况及时间要求？

答：(1)输油泵的测试排量台阶为，被测输油泵在其允许的最大排量与最小排量之间均分 5~7 个流量工况点；(2)每个工况调整稳定后，连续测试不少于 30min，其中每 10min 录取一组数据。

评分标准：两条各占 50%。

21. BC01 阐述输油泵机组节能监测需测试评价的项目？

答：(1)电动机功率因数；(2)电动机运行效率；(3)输油泵效率；(4)机组效率；(5)节流率及节流损失。

评分标准：答对(1)~(5)各占20%。

22. BC02 列出功率为5000kW的直接加热炉节能监测评价项目与指标限定值？

答：排烟温度≤235℃、空气系数≤1.7、炉体外表面温度≤50℃，热效率≥87%。

评分标准：每项各占25%。

23. BC02 控制哪3项参数，可以提高热能利用率？

答：严格控制排烟温度、烟气含氧量和出站温度三大参数。

评分标准：每项占30%，全对得100%。

24. BC01 什么是加热设备的最大热负荷？

答：最大热负荷是调整加热炉、锅炉的燃油(气)量使加热炉、锅炉达到最大出力时的负荷。

评分标准：答出定义得满分。

## 四、计算题答案

1. BC01 已知某输油泵驱动电动机的输出功率为1500kW，输油泵有效功率为1200kW，求输油泵效率？

解：输油泵的轴功率与电动机输出功率相等，为1500kW。

输油泵效率：

$$1200 \div 1500 \times 100\% = 80\%$$

评分标准：前后两点各占50%。

# 初级资质工作任务认证

## 初级资质工作任务认证要素细目表

| 模块 | 代码 | 工作任务 | 认证要点 | 认证形式 |
|------|------|----------|----------|----------|
| 一、能源计量管理 | S-NY-01-C01 | 能源计量器具管理 | 建立能源计量器具的档案及一览表 | 方案编制 |
| 二、节能节水统计与分析 | S-NY-02-C01 | 节能节水统计 | 建立能耗台账并按时上报能耗数据 | 案例分析 |
| | S-NY-02-C02 | 节能节水分析 | 统计本单位的能耗情况，并完成简单的分析 | 案例分析 |

## 初级资质工作任务认证试题

### 一、S-NY-01-C01 能源计量管理——建立能源计量器具的档案及一览表

1. 考核时限：60min。
2. 考核方式：方案编制。
3. 考核评分表。

考生姓名：＿＿＿＿＿＿＿＿＿　　　　　　　　单位：＿＿＿＿＿＿＿＿＿

| 序号 | 工作步骤 | 工作标准 | 配分 | 评分标准 | 扣分 | 得分 | 考核结果 |
|------|----------|----------|------|----------|------|------|----------|
| 1 | 能耗计量器具资料的收集和整理 | 正确识别出能耗计量器具资料，并收集完整 | 20 | 资料收集不完整扣10分 | | | |
| 2 | 能耗计量器具台账的建立 | 从资料中筛选出所需要的计量器具的信息，完整建立器具台账 | 50 | 所收集信息若不完整，根据其所占台账中的比重按比例扣分 | | | |
| 3 | 制订检定计划 | 根据台账信息确定检定计划 | 30 | 检定计划制订部分正确扣10分 | | | |
| | 合计 | | 100 | | | | |

考评员　　　　　　　　　　　　　　　　　　　　　年　　月　　日

### 二、S-NY-02-C01 节能节水统计——建立能耗台账并按时上报能耗数据

问题：根据提供的资料，确定管线周转量计算模型，并正确计算周转量。

提供资料：PPS 系统、管线基础资料。

1. 考核时限：60min。
2. 考核方式：案例分析。
3. 考核评分表。

考生姓名：＿＿＿＿＿＿＿＿＿＿＿＿　　　　　　　　单位：＿＿＿＿＿＿＿＿＿＿＿＿

| 序号 | 工作步骤 | 工作标准 | 配分 | 评分标准 | 扣分 | 得分 | 考核结果 |
|---|---|---|---|---|---|---|---|
| 1 | 查询管线输量 | (1)通过 PPS 正确查询到运销月报；<br>(2)正确识读管线输量及各注入点、分输点注入分输量 | 40 | (1)月报查询不正确扣10分；<br>(2)管线输量、分输点分输量、注入点注入量读取不正确扣10分 | | | |
| 2 | 建立计算模型 | (1)各管道输量与里程一一对应；<br>(2)根据已知的管线参数，建立管线的周转量计算模型 | 40 | (1)输量与里程对应不正确扣20分；<br>(2)模型建立不正确扣20分 | | | |
| 3 | 计算周转量 | 得到正确的周转量计算结果 | 20 | 计算不正确扣20分，部分正确扣10分 | | | |
| | | 合计 | 100 | | | | |

考评员　　　　　　　　　　　　　　　　　　　　　　　　年　　月　　日

## 三、S-NY-02-C02 节能节水分析——统计本单位的能耗情况，并完成简单的分析

问题：如何变更或新增加 PPS 能耗填报界面，如何申请修改 PPS 系统表单。

1. 考核时限：30min。
2. 考核方式：案例分析。
3. 考核评分表。

考生姓名：＿＿＿＿＿＿＿＿＿＿＿＿　　　　　　　　单位：＿＿＿＿＿＿＿＿＿＿＿＿

| 序号 | 工作步骤 | 工作标准 | 配分 | 评分标准 | 扣分 | 得分 | 考核结果 |
|---|---|---|---|---|---|---|---|
| 1 | 打开 PPS 系统申请 | 打开 PPS 系统，查询到系统维护修改申请单填报位置 | 30 | 维护申请单填报位置查找不正确扣30分 | | | |
| 2 | 填报申请单 | 正确清楚描述 PPS 存在问题，填报申请单 | 50 | 问题描述不清楚扣20分，申请单填报不正确扣30分 | | | |
| 3 | 督促项目组进行维护 | 及时查看申请单审核通过情况，并与项目组沟通解决 | 20 | 不进行督办扣20分 | | | |
| | | 合计 | 100 | | | | |

考评员　　　　　　　　　　　　　　　　　　　　　　　　年　　月　　日

# 中级资质理论认证

## 中级资质理论认证要素细目表

| 行为领域 | 代码 | 认证范围 | 编号 | 认证要点 |
|---|---|---|---|---|
| 基础知识 A | A | 节能节水基础知识 | 01 | 能源基础知识 |
| | | | 02 | 水资源基础知识 |
| | | | 03 | 节能节水统计基础知识 |
| | B | 能源管理基础知识 | 01 | 热工基础及燃烧基本知识 |
| | | | 02 | 油气管道系统主要能耗设备基本知识 |
| | | | 03 | 油气管道工艺计算及节能基本知识 |
| | | | 04 | 油气管道的优化运行 |
| 专业知识 B | A | 能源计量管理 | 01 | 能源计量器具管理 |
| | | | 02 | 能源计量器具配备 |
| | B | 节能节水统计与分析 | 01 | 节能节水统计 |
| | | | 02 | 节能节水分析 |
| | C | 节能节水测试及节能型企业创建 | 01 | 节能节水测试 |
| | | | 02 | 节能节水型企业创建 |

## 中级资质理论认证试题

### 一、单项选择题(每题4个选项,将正确的选项号填入括号内)

#### 第一部分　基础知识

**节能节水基础知识部分**

1. AA01 GB/T 2589—2008《综合能耗计算通则》规定,低(位)发热量等于(　　　)的燃料,称为1kgce。

A. 48168kJ　　　　B. 29307kJ　　　　C. 41870kJ　　　　D. 20934kJ

2. AA02 下列哪项不是水资源具有的基本特征(　　　)。

A. 资源的循环性　　　　　　　B. 储量的有限性

C. 分布的稳定性和不均匀性　　D. 用途的广泛性和不可替代性

3. AB01 以下关于空气系数不正确的是(    )。

A. 过剩空气系数是指实际供给的空气量与理论空气量之比

B. 空气系数越大越有利于充分燃烧并提高热效率

C. 过剩空气系数和烟气中的含氧量之间存在 $\alpha = 21/(21 - m_{O_2})$ 的近似关系

D. 当过剩空气系数为 1.2(含氧量为 3.5)时，排烟温度大约每提高 20℃，排烟热损失增加 1%

4. AB02 以下说法不正确的是(    )。

A. 泵内的能量损失可分为水力损失、容积损失和机械损失

B. 调节出口管路阀门开度能改变泵的特性曲线

C. 选用过大参数的泵，是造成能源浪费的主要原因

D. 输油泵的流量调节大致可分为两大类：一类是改变泵的特性曲线位置；二是改变管路特性曲线的位置。

## 第二部分　专业知识

5. BA02 关于配备率取值范围不正确的是(    )。

A. 用于计量事故应急等临时用能的计量器具不计入计量器具理论需要配备数量

B. 各级用能组织用于监督核查的能源计量器具不计入计量器具理论需要配备数量

C. 由多个计量器具组合在一起得到一个测量结果时，应按照多套计量器具统计

D. 同一计量器具计量多种能源时(如衡器)，该计量器具应分别计入每种能源的计量器具理论需要配备数量

6. BB01 对于石油石化企业，能源消费量的统计不包括(    )。

A. 长输管道企业在生产中自用和损耗的原油和天然气

B. 油气田企业在生产中自用和损耗的原油和天然气

C. 炼化企业原油加工损失量和入库成品油自用量

D. 各种余热、可燃性气体等余能的回收利用量

7. BB01 节能技措报表应于每季度次月(    )前完成统计工作，并通过公司小信封报送生产处能源管理人员。

A. 4 日　　　　　　　B. 6 日　　　　　　　C. 8 日　　　　　　　D. 10 日

# 二、判断题(对的画"√"，错的画"×")

## 第一部分　基础知识

(    )1. AA01 能源是指已开采出来可供使用的自然能量资源和经过加工或转换的能量

的来源。尚未开发出来的能量资源也是能源。

( )2. AA01 卡的定义为 1g 纯水在标准气压下，温度升高 1℃所需的热量。我国现行热量单位有 20℃卡、国际蒸汽表卡及热化学卡。

( )3. AA02 水资源是一种自然资源，主要是指地下水。

( )4. AA03 对各类能源的消耗要实行分类统计，并设置原始记录、统计台账，建立健全统计资料的管理制度。

## 能源管理基础知识部分

( )5. AB01 加热设备运行时，若供给空气量过大，等于将多余的冷空气白白加热成烟气排出；同时，过多的空气量会降低炉内的燃烧温度（炉膛温度）；此外，随着过剩空气系数的增大，使烟气的容积也相应增加，烟气流速提高，使给风机的耗电量也增加，造成排烟热损失和耗电量增加。

( )6. AB01 在燃烧计算中均采用高位发热量。

( )7. AB02 在实际工作中，如果使用一台泵不能满足工作需要，则可以把两台或多台泵串联或并联使用，串联工作可以增大扬程，并联工作可以增大流量。

( )8. AB02 管道输送是中国石油管道公司的主业，每年仅主要耗能设备（炉、泵及压缩机）的耗能量就占全公司总耗能量的 83%以上。

( )9. AB03 将 1kg 的物质温度升高 1℃时所需热量，称为该物质的比热容，用符号 $c$ 表示。原油的比热容一般取 $2.0 \sim 2.1 \mathrm{kJ/(kg \cdot ℃)}$。

( )10. AB04 在组合输油泵运行方案时，节流小的方案一定是最优方案。

# 第二部分 专业知识

## 能源计量管理部分

( )11. BA01 供方配备的能源计量器具由供方进行检定、维护、管理，所属各单位不用开展相关工作。

( )12. BA02 确定理论需要配备数量时，应将各用能设备划入基本用能单元（或列为独立用能设备），明确计量器具承担的计量功能，当计量器具承担多级计量功能时，应分别计入各级用能组织理论需要配备数量。

## 节能节水统计与分析部分

( )13. BB01 管道企业不属于工业，产值不算作工业产值，采用万元增加值综合能耗这一指标作为单位价值量能耗。

( )14. BB01 企业所消耗的本企业自备热电厂生产的电力和热力，需要统计在购入能源消耗量中。

( )15. BB02 节能节水月度简析只分析本月能耗变化的主要原因即可，不用分析年累计能源消耗的变化原因。

## 节能节水测试及节能型企业创建部分

( )16. BC01 输油泵测试每个工况调整完成且运行稳定后，连续测试不少于 30min，其中每 10min 录取一组数据。

（　　）17. BC02 节能宣传周活动于每年 7 月开展。

（　　）18. BC02 各站队应维护好无功补偿装置，功率因数应保持在 0.9 以上。

## 三、简答题

### 第一部分　基础知识

**节能节水基础知识部分**

1. AA01 写出节能量的定义及计算公式并对式中符号进行解释？

2. AA01 请写出《中华人民共和国节约能源法》中国家对于节约资源的政策？

3. AA02 列出 4 条水资源的基本特征？

**能源管理基础知识部分**

4. AB02 离心泵的能量损失包括哪些？如何提高运行效率？

5. AB02 解释加热设备的热效率，并列出计算公式？

6. AB02 什么是加热设备的热负荷？

7. AB02 解释加热设备的负荷率，并列出计算公式？

8. AB02 加热设备的热损失主要有哪些？哪一项损失最大，运行过程中如何降低此项热损失？

9. AB03 确定热油管道的温度参数，主要考虑哪两个因素？

10. AB04 简要说明积蜡层对低输量、节流严重的热油管道运行的影响？

### 第二部分　专业知识

**能源计量管理部分**

11. BA01 企业能源计量管理主要包含哪些工作？

12. BA01 描述中国石油管道公司规定计量器具的检定周期及使用要求？

13. BA02 描述中国石油管道公司对天然气消耗量计量仪表的精度要求？

**节能节水统计与分析部分**

14. BB01 阐述站队填报节能节水统计月报的流程和时间节点？

15. BB01 列举原油、油田天然气、电力（当量值）的平均低位发热量及折标准煤数量？

16. BB02 阐述能源统计分析的基本内容？

17. BB02 某站队本月消耗原油 30t，消耗天然气 $100 \times 10^4 m^3$，外购电力 $120 \times 10^4 kW \cdot h$，此站队的综合能源消耗量是多少吨标煤（保留整数）？

**节能节水测试及节能型企业创建部分**

18. BC01 请阐述被测设备正、反平衡测试法的含义？

19. BC01 加热设备节能监测，被监测单位现场配合的工作有哪些？
20. BC01 阐述加热设备测试时间要求？

## 四、计算题

### 第二部分　专业知识

**节能节水统计与分析部分**

1. BB01 某输原油站队上半年输油 $700\times10^4$t，消耗原油 450t，消耗天然气 $220\times10^4$m$^3$，外购电 $960\times10^4$kW·h，其中转供电 $30\times10^4$kW·h，本站到下站的距离为 50km，求出此站综合能源消耗量及周转量综合单耗。（综合能耗保留整数，单耗保留 1 位小数）

# 中级资质理论认证试题答案

## 一、单项选择题答案

1. B　　2. C　　3. B　　4. B　　5. C　　6. D　　7. B

## 二、判断题答案

1. ×能源是指已开采出来可供使用的自然能量资源和经过加工或转换的能量的来源。需要注意的是，尚未开发出来的能量资源只称为资源，不列入"能源"的范畴。　2.√　3.×水资源是一种自然资源。《中华人民共和国水法》第一章第二条中规定水资源包括"地表水和地下水"。　4.√　5.√　6.×在燃烧计算中均采用低位发热量。　7.√　8.√　9.√　10.×在组合输油泵运行方案时，节流小的方案不一定是最优的，这是因为输油泵效率不同所致（若输油泵效率相同就没有此问题）。

11. ×供方配备的能源计量器具由供方进行检定、维护、管理，所属各单位对供方配备计量器具的管理、使用情况进行监督。要根据基本用能单元和主要耗能设备单机计量仪表的能耗数据之和，判断供方计量器具运行是否准确，发现问题及时与供方进行沟通、协商解决，要求供方对在线仪表进行更换、送检。　12.√　13.√　14.×自产自用的二次能源。如企业自备热电厂生产的电力和热力，如果企业全部自用，这部分电力和热力就不包括在购入能源消耗量中，而只计算发电制热时投入的能源（如原煤、燃料油等），否则会造成企业能源消耗量的重复计算。　15.×节能节水月度简析在分析本月能耗变化的主要原因的同时，还需要分析年累计能源消耗的变化较大的主要原因。　16.√　17.×每年 6 月，按照国家节能宣传周安排及公司有关通知，开展本单位节能宣传工作。　18.√

## 三、简答题答案

1. AA01 写出节能量的定义及计算公式并对式中符号进行解释？
答：节能量是指达到同等目的的情况下，即在生产相同的产品、完成相同处理量或工作量的前提下，少消耗的能源量。

$$\Delta E = (e_{\mathrm{m}} - e_{\mathrm{b}}) G_{\mathrm{b}}$$

式中　$\Delta E$——节能量；

　　　$e_{\mathrm{m}}$——单位产品（产值或工作量）能耗的目标值（基期值）；

　　　$e_{\mathrm{b}}$——报告期单位产品（产值或工作量）能耗；

　　　$G_{\mathrm{b}}$——报告期产品产量（产值或工作量）。

评分标准：写对定义占30%，写对公式占30%，答对每个符号解释占10%。

2. AA01 请写出《中华人民共和国节约能源法》中国家对于节约资源的政策？

答：《中华人民共和国节约能源法》第四条规定：（1）节约资源是我国的基本国策；（2）国家实施节约与开发并举、把节约放在首位的能源发展战略。

评分标准：每写对一点得50%，共计100%。

3. AA02 列出4条水资源的基本特征？

答：（1）资源的循环性；（2）储量的有限性；（3）分布的波动性和不均匀性；（4）用途的广泛性和不可替代性；（5）利、害的两重性；（6）地表水和地下水的相互转化性。

评分标准：每写对一个得25%，共计100%。

4. AB02 离心泵的能量损失包括哪些？如何提高运行效率？

答：离心泵的能量损失包括：（1）水利损失。包括冲击损失、旋涡损失和沿程摩擦损失。（2）容积损失。包括密封环泄漏损失、平衡机构的泄漏损失和级间泄漏损失。（3）机械损失。液体与叶轮表面、泵的其他零件之间所产生的摩擦损失。

提高效率的方法有：（1）降低水利损失，使过流部件表面尽量光滑，流量尽量接近额度流量；（2）降低容积损失，间隙适当，减少密封环及平衡机构等泄露损失；（3）降低机械损失，降低表面粗糙度，填料松紧适当和轴承润滑良好。

评分标准：损失占40%，方法每个答案占20%。

5. AB02 解释加热设备的热效率，并列出计算公式？

答：热效率是加热设备输出有效热量与供给热量之比的百分数叫热效率。是热量被有效利用程度的一个重要参数。其计算公式为：

$$\eta = \frac{Q_{\mathrm{e}}}{Q_0} = \frac{Q_0 - Q_{\mathrm{n}}}{Q_0} = 1 - \frac{Q_{\mathrm{n}}}{Q_0}$$

式中　$Q_{\mathrm{e}}$——每小时加热炉有效利用的热量，kW；

　　　$Q_0$——每小时供给加热炉的热量，kW；

　　　$Q_{\mathrm{n}}$——每小时加热炉损失的热量，kW。

评分标准：文字答出占50%，列出公式占50%。

6. AB02 什么是加热设备的热负荷？

答：热负荷分为额定热负荷和实际热负荷，额定热负荷是指加热设备设计热负荷（铭牌标注热负荷），实际热负荷是指加热设备运行时每小时供给的热负荷（热量）。

评分标准：答出一个占50%。

7. AB02 解释加热设备的负荷率，并列出计算公式？

答：负荷率是指加热设备供给热负荷（热量）与额定热负荷的百分比，其计算公式为：

$$\eta_{fh} = \frac{Q_0}{Q_{ed}}$$

式中　$\eta_{fh}$——负荷率,%;

　　　$Q_0$——供给热负荷,kW;

　　　$Q_{ed}$——额度热负荷,kW。

评分标准:定义答出占50%,列出公式占50%。

8. AB02 加热设备的热损失主要有哪些?哪一项损失最大,运行过程中如何降低此项热损失?

答:加热设备的热损失主要有:排烟热损失、气体不完全燃烧热损失、固体不完全燃烧热损失、炉墙表面散热损失。

排烟热损失是加热设备各项热损失中最大的一项。运行过程中,应定时吹灰,减少热阻,降低排烟温度来减少排烟热损失。

评分标准:4种热损失各占10%,共40%;最大损失占20%;如何降低占40%。

9. AB03 确定热油管道的温度参数,主要考虑哪两个因素?

答:(1)输油设备能够正常运行,保证安全生产;

(2)经济运行,使输油能耗费用降到最低点。

评分标准:2个因素各占50%。

10. AB04 简要说明积蜡层对低输量、节流严重的热油管道运行的影响?

答:(1)在低输量下运行的管道,管道存在严重节流时,积蜡层的存在,在某种程度上起到保温作用,减少热力损失及热力费用;(2)因积蜡层增加而引起的管道摩阻并未增加动力费用,只是利用了节流损失中的部分能量克服所增加的摩阻损失。

评分标准:答对(1)(2)各占50%。

11. BA01 企业能源计量管理主要包含哪些工作?

答:企业能源计量管理主要包含以下3个方面工作:(1)合理配置能源计量器具;(2)加强对能源计量器具的管理,按时检定和校准,保证其准确性;(3)将能源计量数据作为企业能源消耗管理的基础数据,以保证企业能源消耗数据的准确、可靠,做到"心中有数"。

评分标准:答对(1)(2)各占35%,答对(3)占30%。

12. BA01 描述中国石油管道公司规定计量器具的检定周期及使用要求?

答:目前中国石油管道公司规定的各种计量器具检定周期如下:

(1)自用燃料油计量器具检定周期为一年;(2)自用天然气计量器具检定周期为6年;(3)分级电能表、单机计量电能表可每年随公司电气春检进行检定(校准);(4)自备水源计量装置由各单位按要求配备,并实施首次检定管理。

在用的计量器具必须是经过计量检定合格,在检定周期内,检定合格标志清晰,铅封完整。

评分标准:答对(1)~(4)及综合答案各占20%。

13. BA02 描述中国石油管道公司对天然气消耗量计量仪表的精度要求?

答:(1)消耗量大、流量高($q_n \geq 500m^3/h$)的天然气计量仪表其精度等级应不低于1.5级;(2)消耗量小、流量低($q_n < 500m^3/h$)的天然气计量仪表其精度等级应不低于2级。

评分标准：答对(1)(2)各占50%。

14. BB01 阐述站队填报节能节水统计月报的流程和时间节点？

答：（1）每月末前一天（每月倒数第二天）上午8时读取计量表数据，与上月表底之差作为本月的能耗数据，同时填写用能用水统计台账；（2）将本站队的能源消耗数据及相关运行参数按管道生产管理系统(PPS2.0)录入界面的要求进行填报；（3）提交给站队主管站长审核。

评分标准：答对(1)(2)各占35%，答对(3)占30%。

15. BB01 列举原油、油田天然气、电力(当量值)的平均低位发热量及折标准煤数量？

答：原油平均低位发热量41816kJ/kg，1t原油折1.4286吨标准煤。油田天然气平均低位发热量38931kJ/$m^3$，1×$10^4$$m^3$标准天然气折13.3吨标准煤。电力平均低位发热量3600kJ/(kW·h)(当量值)，1×$10^4$kW·h电折1.229吨标准煤。

评分标准：前两项内容各占35%，电力占30%。

16. BB02 阐述能源统计分析的基本内容？

答：分析耗能用水总量的变化情况；分析能源和新鲜水的单耗变化；分析重点用能设备运行状况；分析输油气生产过程中的各种参数变化情况及管网优化运行；分析节能节水经济指标；综合分析。

评分标准：每项内容占20%，全对100%。

17. BB02 某站队本月消耗原油30t，消耗天然气100×$10^4$$m^3$，外购电力120×$10^4$kW·h，此站队的综合能源消耗量是多少吨标准煤(保留整数)？

答：30×1.4286+100×13.3+120×1.229=1520t(标准煤)。

评分标准：公式和得数均正确得100%。

18. BC01 请阐述被测设备正、反平衡测试法的含义？

答：（1）正平衡法是通过直接测试被测设备输入热量和输出有效热量而计算效率的方法；（2）反平衡法则是通过测试被测设备各项热损失而计算效率的方法。

评分标准：答对(1)(2)各占50%。

19. BC01 加热设备节能监测，被监测单位现场配合的工作有哪些？

答：（1）根据监测单位测试需要提供被测设备的相关技术参数或资料；（2）向监测单位说明被测设备存在的问题；（3）负责管线保温层的拆卸与恢复，协助进行流量测试；（4）负责加热设备热负荷的调节；（5）根据需要完成其他现场配合，使具备测试条件。

评分标准：答对(1)~(5)各占20%。

20. BC01 阐述加热设备测试时间要求？

答：加热设备正式测试应在热工况稳定和调整测试工况1小时后进行。热工况稳定所需时间自冷态点火开始算起。

（1）锅炉不少于24小时；（2）加热炉不少于8小时；（3）热媒间接加热装置不少于8小时；（4）每次测试持续时间不少于2小时，每隔30分钟记录一次。

评分标准：答对(1)~(4)各占25%。

## 四、计算题答案

1. BB01 某输原油站队上半年输油700×$10^4$t，消耗原油450t，消耗天然气220×$10^4$$m^3$，

外购电 $960×10^4kW \cdot h$，其中转供电 $30×10^4kW \cdot h$，本站到下站的距离为 50km，求出此站综合能源消耗量及周转量综合单耗。（综合能耗保留整数，单耗保留 1 位小数）

解：

综合能源消耗量

$$450×1.4286+220×13.3+(960-30)×1.229=4712 \text{ 吨标准煤}$$

周转量

$$700×50=35000×10^4t \cdot km$$

周转量综合单耗

$$4712×1000÷35000=134.6kgce/(10^4t \cdot km)$$

评分标准：列出综合能耗公式占 40%，得数 10%；列出周转量公式且得数正确，得 20%；单耗公式和得数正确得 30%。

# 中级资质工作任务认证

## 中级资质工作任务认证要素细目表

| 模块 | 代码 | 工作任务 | 认证要点 | 认证形式 |
|------|------|----------|----------|----------|
| 一、能源计量管理 | S-NY-01-Z02 | 能源计量器具配备 | 判断计量器具的准确性，制订送检计划，并协调送检，制订相应的配备方案 | 方案编制 |
| 二、节能节水统计与分析 | S-NY-02-Z02 | 节能节水分析 | 分析本单位的能耗数据的合理性，及设备运行情况 | 步骤描述 |
| 三、节能节水测试及节能型企业创建 | S-NY-03-Z01 | 节能节水测试 | 制订年度监测计划，开展节能节水型企业创建工作的自评工作 | 系统操作 |

## 中级资质工作任务认证试题

**一、S-NY-01-Z02 能源计量器具配备——判断计量器具的准确性，制订送检计划，并协调送检，制订相应的配备方案**

问：简述影响管线能源消耗量的生产作业有哪些，分别都有怎样的影响？

1. 考核时限：30min。
2. 考核方式：方案编制。
3. 考核评分表。

考生姓名：_____  单位：_____

| 序号 | 工作步骤 | 工作标准 | 配分 | 评分标准 | 扣分 | 得分 | 考核结果 |
|------|----------|----------|------|----------|------|------|----------|
| 1 | 描述各项生产作业对能耗的影响 | 影响能耗变化的主要生产作业有：<br>(1) 运行工艺变化，输量越大，一方面将油量加热到输送温度所需的燃料油越多；另一方面输量的增加，管道沿线温降减小，管径变大，管道沿线散热面积增加，热损失增加等；<br>(2) 管线停输，停输能耗降低；<br>(3) 动火作业，一般会提高管线输油温度，且辅助能耗也会随之增加；<br>(4) 清管和内检测作业，为保证运行安全，清管和内检测作业时会提高油温，导致油耗增加；<br>(5) 气候变化，气温地温降低，会导致油耗电耗增加；<br>(6) 站场改造，管道大修等作业均会导致能耗增加 | 100 | 阐述错误一项扣15分 | | | |
| 合计 | | | 100 | | | | |

考评员　　　　　　　　　　　　　　　　　　　　　　　　　年　　月　　日

## 二、S-NY-02-Z02 节能节水分析——分析本单位的能耗数据的合理性，及设备运行情况

问：简要阐述输油泵机组节能监测报告包括哪些内容？加热炉锅炉大修后能效测试技术要求有哪些？

1. 考核时限：30min。
2. 考核方式：步骤描述。
3. 考核评分表。

考生姓名：＿＿＿＿＿＿＿＿＿　　　　　　　　　　单位：＿＿＿＿＿＿＿＿＿

| 序号 | 工作步骤 | 工作标准 | 配分 | 评分标准 | 扣分 | 得分 | 考核结果 |
|---|---|---|---|---|---|---|---|
| 1 | 阐述输油泵机组节能监测报告内容 | 输油泵机组节能监测报告应包括：<br>(1) 监测目的、人员、单位名称和联系方式；<br>(2) 输油泵机组的主要铭牌参数和运行情况；<br>(3) 测试设备、仪器仪表的名称和精度说明；<br>(4) 测试中的异常情况和处理方法；<br>(5) 监测数据的计算结果列表和数据来源说明，必要时辅以表格、简图说明；<br>(6) 评价结论、处理意见及建议 | 30 | 描述错误一条扣5分 | | | |
| 2 | 阐述加热炉大修能效测试技术要求 | (1) 测试方法：正反平衡测量法同时进行，以反平衡测量法数据作为对比。<br>(2) 测试负荷和次数：<br>① 大修前：<br>a. 运行负荷工况下测试一次，在同等负荷工况下采用仪器监测调试，最佳燃烧状况时复测一次；<br>b. 用仪器监测调试，调整到额定负荷、最佳燃烧状况下测试一次，若达不到额定负荷，则调整到最大热负荷、最佳燃烧状况下进行测试；<br>② 大修后：<br>a. 用仪器监测调试，调整到大修前相对应负荷状况下各测试一次；<br>b. 用仪器监测调试，调整到大修后最大热负荷，最佳运行工况下测试一次。<br>(3) 测试负荷波动范围：5%；<br>(4) 效率取值：热效率取大修前、后用仪器监测调试，调整到最大热负荷、最佳燃烧状况下的测算结果 | 70 | 描述错误一条扣10分 | | | |
| 合计 | | | 100 | | | | |

考评员　　　　　　　　　　　　　　　　　　　　　　　年　　月　　日

### 三、S-NY-03-Z01 节能节水测试——制订年度监测计划，开展节能节水型企业创建工作的自评工作

问：如何通过 PPS 查询某一年度公司下属各输油单位能源填报准确率，迟报率，并由此对各单位进行考核？

1. 考核时限：30min。

2. 考核方式：系统操作。

3. 考核评分表。

考生姓名：_____                        单位：_____

| 序号 | 工作步骤 | 工作标准 | 配分 | 评分标准 | 扣分 | 得分 | 考核结果 |
|------|----------|----------|------|----------|------|------|----------|
| 1 | 打开 PPS 系统 | 打开 PPS 系统，查询各单位填报情况考核统计页面 | 20 | 页面查询不正确扣 20 分 | | | |
| 2 | 导出误报、迟报、漏报表单 | 按要求准确查看并导出各单位迟报，误报表单 | 40 | 导错一个表单扣 10 分 | | | |
| 3 | 考核填报情况 | 根据表单统计情况对各单位 PPS 填报情况进行合理考核排序 | 40 | 考核不合理扣 20 分 | | | |
| | 合计 | | 100 | | | | |

考评员                                                          年    月    日

# 高级资质理论认证

## 高级资质理论认证要素细目表

| 行为领域 | 代码 | 认证范围 | 编号 | 认证要点 |
|---|---|---|---|---|
| 基础知识 A | A | 节能节水基础知识 | 01 | 能源基础知识 |
| | | | 02 | 水资源基础知识 |
| | | | 03 | 节能节水统计基础知识 |
| | B | 能源管理基础知识 | 01 | 热工基础及燃烧基本知识 |
| | | | 02 | 油气管道系统主要能耗设备基本知识 |
| | | | 03 | 油气管道工艺计算及节能基本知识 |
| | | | 04 | 油气管道的优化运行 |
| 专业知识 B | A | 能源计量管理 | 01 | 能源计量器具管理 |
| | | | 02 | 能源计量器具配备 |
| | B | 节能节水统计与分析 | 01 | 节能统计 |
| | | | 02 | 节能节水分析 |
| | C | 节能节水测试及节能型企业创建 | 01 | 节能节水测试 |
| | | | 02 | 节能节水型企业创建 |

## 高级资质理论试题

### 一、单项选择题(每题 4 个选项,将正确的选项号填入括号内)

#### 第一部分　基础知识

**能源专业基础知识部分**

1. AB02 泵的工作点(　　　)。

A. 由泵铭牌上的流量和扬程所决定

B. 即泵的最大效率所对应的点

C. 由泵的特性曲线所决定

D. 是泵的特性曲线与管路特性曲线的交点

2. AB02 以下说法不正确的是(　　　)。

A. 火焰燃烧不好和炉管结焦都会影响加热炉的加热能力

B. 火焰的强弱可用控制火嘴的方法调节

C. 加热炉加热能力的大小取决于火焰的强弱程度

D. 负荷率是指加热设备供给热负荷(热量)与额定热负荷的百分比

3. AB04 为保证热油管道间歇输送的安全性,以下哪项内容不用考虑(　　)。

A. 正确确定停输时间　　　　　　　　B. 与添加减阻剂措施充分配合

C. 准确掌握沿线土壤地温及传热规律　　D. 与加降凝剂措施充分配合

## 二、判断题(对的画"√",错的画"×")

### 第一部分　基础知识

**节能节水基础知识部分**

(　　)1. AA01 能量的大小由做功能力的大小来衡量。所有的功都能转化为能,所有的能也可以转化为功。

(　　)2. AA01《中华人民共和国法定计量单位》规定表示能、功和热量的法定基本单位是焦耳。

(　　)3. AA03 输油单位周转量能耗是指统计报告期内,管道输油生产的综合能耗与输油周转量的比值,单位为 kgce/($10^4$t·km)。

**能源管理基础知识部分**

(　　)4. AB01 燃料的充分燃烧只要有充足的空气和高温环境即可完成。

(　　)5. AB03 进站温度和上站出站温度相互制约,确定进站温度必然要考虑对上站出站温度的限制条件。一般情况下规定进站温度高于凝固点 3~5℃。要通过经济比较来确定。

(　　)6. AB03 出站温度的确定从油品的物化性质考虑即可。

(　　)7. AB03 在同一条管道内,按一定的顺序,连续地以直接接触或间接接触的方式输送几种油品,这种输送方法称为顺序输送。

### 第二部分　专业知识

**能源计量管理部分**

(　　)8. BA01 分级电能表、单机计量电能表可每年随公司电气春检进行检定(校准)。

(　　)9. BA02 各级用能组织用于监督核查的能源计量器具应计入计量器具理论需要配备数量。

**节能节水统计与分析部分**

(　　)10. BB01 综合单价是指报告期内企业消耗的各种能源折合为标准煤后,每吨标准煤的平均价格,等于能源费用与综合能源消耗量的比值。

(　　)11. BB02 分析能耗变化时要对输油气生产过程中的各种参数变化情况及管网优

化运行进行分析。

### 节能节水测试及节能型企业创建部分

( ) 12. BC02 提高电能的利用率，解决好"大马拉小车"问题，单站不能有节流损失。

( ) 13. BC02 功率 1000kW 的原油输油泵机组，节能监测机组效率的限定值为 ≥67%。

## 三、简答题

### 第一部分 基础知识

#### 节能节水基础知识部分

1. AA01 请写出《中华人民共和国节约能源法》中节能的定义？

2. AA01 标准煤的出处及定义？

3. AA03 设备的装机容量或负荷定义及单位？蒸汽锅炉、加热炉的容量单位及两者的换算关系？

#### 能源管理基础知识部分

4. AB03 请描述热油在流动中传热的过程及总传热系数 $K$ 的意义？

5. AB02 当输量偏离了输油泵的工作点时，造成设备与管路不相匹配，其改变管泵工作点的调节方式有哪些？

6. AB02 泵的功率有哪几种？分别写出含义及它们之间的关系？

7. AB02 针对加热设备的热损失，应采取哪些相应措施以提高加热设备热效率？

### 第二部分 专业知识

#### 能源计量管理部分

8. BA02 描述中国石油管道公司对能源计量仪表的精度要求？

9. BA02 指导能源计量器具管理和配备的 3 个标准是哪些？

#### 节能节水统计与分析部分

10. BB02 能耗分析时如何分析本站加热炉耗油量与理论耗油量的差别？

11. BB01 按国标规定的平均低位发热量算，$1×10^4 m^3$ 油田天然气折几吨原油，如何折算。油田天然气价格 3.2 元/$m^3$，原油价格 3000 元/t，燃用哪种燃料比较经济，并进行说明？

#### 节能节水测试及节能型企业创建部分

12. BC02 列举至少 5 条节能节水型企业考核内容？

13. BC01 测试输油泵机组，被监测单位需要做哪些现场配合工作？

## 四、计算题

### 第一部分　基础知识

**能源专业基础知识部分**

1. AA01 某站 4650kW 燃油热煤炉运行时，站控室显示屏显示其含氧量为 6.4，请计算其过剩空气系数是多少？且判断空气与燃料的混合是否合理。

2. AB02 在输量 $Q$ 下，1#泵扬程 $H_1 = 150m$，效率为 $\eta_1 = 80\%$，2#泵在相同输量下的扬程 $H_2 = 140m$，效率为 $\eta_2 = 73\%$。油品以流量 $Q$ 在管道流动时所需克服的压降是 130m，这两台泵都能独立完成输油任务，通过计算对比选择合适的泵，使运行较为经济。

3. AB03 已知某站距下站距离为 59.4km，出站温度为 40℃，下站进站温度 35.5℃，管道埋深处 1 月平均低温 1.03℃，月输量 234×10⁴t，管径 813mm，请问此时该站间平均传热系数 $[J/(m^2 \cdot s \cdot ℃)]$。

**节能节水统计与分析部分**

4. BB01 某公司原油管线某年上半年完成工作量 2479229×10⁴t·km，实现综合单耗 90.96kgce/(10⁴t·km)，而上年同期完成工作量 2378358×10⁴t·km，实现综合单耗 110.3kgce/10⁴t·km，请利用单耗法计算该公司某年上半年与上年同期相比节约标准煤量。

**节能节水测试及节能型企业创建部分**

5. BC02 已知某站输送大庆原油，其运行参数为：进站油温 32.56℃，出站油温 45.8℃，泵温升 1.5℃，地温 4.6℃；月输油量 99.3229×10⁴t，消耗燃料油 658.612t，请计算该站的热能利用效率。

6. BC02 已知某公司某站 2014 年 2 月计划输送大庆原油 100×10⁴t，上站来油进站温度为 34.8℃，原油经过本站月平均出站温度约为 45.3℃，该站加热炉平均效率为 87%，请测算本月该站约需燃料油多少吨，约折合天然气多少立方米？

# 高级资质理论试题答案

## 一、单项选择题答案

1. D　　2. C　　3. B

## 二、判断题答案

1. × 能量的大小是由做功能力的大小来衡量的。所有的功都能转化为能，但并非所有的能都可以转化为功。　2. √　3. √　4. × 燃料充分燃烧的条件除高温环境、适当的空气外，还需要充足的燃烧时间。　5. √　6. × 出站温度的确定除从油品物性考虑外，还受其他条件限制，如：考虑泵的正常吸入不受影响，考虑管道外壁防腐层和防腐保温层的耐热能力、管输的经济性等。 7.√ 8.√ 9.×各级用能组织用于监督核查的能源计量器具不应计入计量器具理论需要配备数量。 10.√ 11.√ 12.×提高电能的利用率，解决好"大马拉小车"问题，制订多台阶下的优化运行方案，单站节流损失不大于 0.4MPa。 13.√

## 三、简答题答案

1. AA01 请写出《中华人民共和国节约能源法》中节能的定义？

答：节能是指加强用能管理，采取技术上可行、经济上合理以及环境和社会可以承受的措施，减少从能源生产到消费各个环节中的损失和浪费，更加有效、合理地利用能源。

评分标准：答对得 100%。

2. AA01 标准煤的出处及定义？

答：GB/T 2589—2008《综合能耗计算通则》规定，低（位）发热量等于 29307kJ 的燃料，称为 1 千克标准煤。

评分标准：答对标准号占 10%，答对标准名称占 10%，答对定义占 80%。

3. AA03 设备的装机容量或负荷定义及单位？蒸汽锅炉、加热炉的容量单位及两者的换算关系？

答：装机容量或负荷是指在用主要耗能设备的额定功率或额定热负荷，用 kW 表示。

传统上蒸汽锅炉的容量用 t/h 表示，加热炉的容量单位用 kW 表示，其换算关系约为：1t/h≈698kW，换算时也可以按 1t/h＝700kW 计算。

评分标准：定义占 20%，单位占 10%；蒸汽锅炉和加热炉容量单位各占 15%，换算关系占 40%。

4. AB03 请描述热油在流动中传热的过程及总传热系数 $K$ 的意义？

答：热油在流动中传热的过程是：油流先将热量传给管壁，管壁再传给管壁外的防腐绝缘层或保温层，最后热量传到管路周围介质中去。

总传热系数 $K$ 是指当油流与周围介质的温差为 1℃ 时，单位时间内通过单位传热表面所传递的热量，表示油流向周围介质散热的强弱。

评分标准：各占 50%。

5. AB02 当输量偏离了输油泵的工作点时，造成设备与管路不相匹配，其改变管泵工作点的调节方式有哪些？

答：其调节方式大致可分为两类：一类是改变管路特性曲线位置；二是改变泵的特性曲线的位置。

（1）改变管路特性的调节方式包括：调节出口管路阀门开度和回注法（利用进、出口旁通阀调节流量）两种。

（2）改变泵的特性曲线的调节方式包括：切割叶轮外径、减少输油泵级数和改变泵的转数。

评分标准：答出分为两大类 40%，对每类进行细分各占 30%。

6. AB02 泵的功率有哪几种？分别写出含义及它们之间的关系？

答：泵的功率有轴功率、有效功率和原动机功率 3 种。

泵有效功率是单位时间内流过离心泵的液体从泵那里得到的能量，用 $N$ 表示。泵的有效功率计算公式为：

$$N = \rho g Q H$$

轴功率是动力输入到泵轴的功率，以 $N_z$ 表示。

通常泵名牌上标明的功率不是有效功率，而是指与泵配合的原动机的功率，以 $N_y$ 表示。关系为：

$$N_z = N/\eta$$
$$N_y = (1.1 - 1.2) N_z$$

评分标准：以上 3 种功率各占 10%，定义各占 10%，关系式各占 20%。

7. AB02 针对加热设备的热损失，应采取哪些相应措施以提高加热设备热效率？

答：（1）降低排烟温度可采取的主要措施：① 增加对流段的传热面积，更多地吸收烟气中的热量；② 在加热炉尾部设置空气预热器；③ 增设其他余热回收装置，如烟气/水换热器、烟气/热媒换热器及烟气/原油换热器及烟气/空气预热器等；④ 利用热管技术回收余热；⑤ 定时吹灰，减少热阻，降低排烟温度。

（2）减少不完全燃烧热损失采取的主要技术措施：① 采用微正压燃烧方式；② 选用适当的过量空气系数；③ 燃烧过程自动调节；④ 采用自动化控制程度高的高效燃烧器。

（3）采取适当的保温措施减少炉体散热损失等。

评分标准：答对（1）（2）各占 40%，答对（3）占 20%。

8. BA02 描述中国石油管道公司对能源计量仪表的精度要求？

答：（1）燃料油消耗计量仪表的精度等级应不低于 0.5 级。

（2）天然气消耗量计量仪表配置要求：

① 消耗量大、流量高（$q_n V \geqslant 500 m^3/h$）的天然气计量仪表其精度等级应不低于 1.5 级；② 消耗量小、流量低（$q_n V < 500 m^3/h$）的天然气计量仪表其精度等级应不低于 2 级。

（3）公司外购电的计量装置由电力部门配备、管理；公司内部电力分级计量的仪表按 GB 17167 和 GB/T 20901 要求配备合格的计量装置，其精度不低于 2.0 级。

（4）外购水源的计量装置由供方按 GB 17167 和 GB/T 20901 要求配备、管理，自备水源的计量装置精度等级不低于 2.5 级。

（5）外购蒸汽的流量计量器具由供方按 GB/T 20901 要求配备、管理，公司内部自产蒸汽的计量器具精度等级不低于 2.5 级。

评分标准：（1）~（5）各占 20%。

9. BA02 指导能源计量器具管理和配备的 3 个标准是哪些？

答：（1）中国石油天然气集团公司企标 QSY 1212—2009《能源计量器具配备规范》；（2）GB 17167《用能单位能源计量器具配备和管理通则》；（3）GB/T 20901《石油石化行业能源计量器具配备和管理要求》。

评分标准：答对（1）占 30%，答对（2）（3）各占 35%。

10. BB02 能耗分析时如何分析本站加热炉耗油量与理论耗油量的差别？

答：根据测算公式计算出本站理论耗油量，折算成相同的单位后，再与实际耗油量进行对比，如果差别较大，需要分析误差存在的原因，查找能源计量器具、能耗数据上报等方面是否存在的问题。

$$B = \frac{GC(t_c - t_{bj})}{q_{dw}\eta}$$

式中 $B$——燃料消耗量，kg/h 或 m³/h;

$G$——输油量，kg/h;

$C$——原油比热容，取 2.1kJ/(kg·℃);

$t_c$，$t_{bj}$——本站出、进站(炉)温度，℃;

$q_{dw}$——燃料的低位发热值，kJ/kg(原油取 41816kJ/kg，油田天然气取 38931kJ/m³，如有燃料低位发热值的实测值，则用实测值)。

评分标准：文字占 10%，公式占 40%，字母含义及单位各占 10%，共 50%。

11. BB01 按国标规定的平均低位发热量算，$1×10^4$m³ 油田天然气折几吨原油，如何折算。天然气价格 3.2 元/m³，原油价格 3000 元/t，燃用哪种燃料比较经济，并进行说明？

答：$1×10^4$m³ 天然气约折合 9.31t 原油。用天然气的折标系数 13.3 除以原油折标系数 1.4286，或者用 $1×10^4$m³ 油田天然气的低位发热量 38931×10000 除以 1t 原油的低位发热量 41816×1000，可以得出。

$1×10^4$m³ 天然气价格 3.2 万元，按 $1×10^4$m³ 气折 9.31t 原油算，相当于每吨原油 3.2×10000/9.31＝3437 元/t，高于 1t 原油的实际价格，所以燃油更经济，此种情况下应尽量燃用原油。或者 1t 原油 3000 元，则 9.31t 原油费用 3000×9.31/10000＝2.8 万元，低于 $1×10^4$m³ 油田天然气 3.2 万元的费用，所以燃油更经济。

评分标准：答对"$1×10^4$m³ 气折 9.31t 原油"占 30%；两种计算方法答对任一种均占 20%；燃油经济占 10%，两种说明答对任一种均占 40%。

12. BC02 列举至少 5 条节能节水型企业考核内容？

答：指标完成情况、制度体系、指标管理、统计管理、监测管理、技术措施、合理用能、计量管理、业务技能。

评分标准：以上答对其中一条得 20%，答对任意 5 条得 100%。

13. BC01 测试输油泵机组，被监测单位需要做哪些现场配合工作？

答：(1)根据监测单位测试需要提供被测设备的相关技术参数或资料；(2)向监测单位说明被测设备存在的问题；(3)协助电参数的测取、流量的测取；(4)负责输量负荷的调节；(5)根据需要完成其他现场配合，使具备测试条件。

评分标准：每项内容各占 20%。

## 四、计算题

1. AA01 某站 4650kW 燃油热媒炉运行时，站控室显示屏显示其含氧量为 6.4，请计算其过剩空气系数是多少？且判断空气与燃料的混合是否合理。

已知：$m_{O_2} = 6.4$

解：根据经验公式，有

$$\alpha = \frac{21}{21 - m_{O_2}} = \frac{21}{21 - 6.4} = 1.48$$

答：其过剩空气系数是 1.48。

对比"不同容量下燃油直接加热炉和热媒炉各项指标控制值表"，4650kW 热媒炉空气系数限定值≤1.7，所以此时空气与燃料的混合合理。

评分标准：列出公式占40%，代入数据并计算正确占30%，判断正确占30%。

2. AB02 在输量 $Q$ 下，1#泵扬程 $H_1 = 150m$，效率为 $\eta_1 = 80\%$，2#泵在相同输量下的扬程 $H_2 = 140m$，效率为 $\eta_2 = 73\%$。油品以流量 $Q$ 在管道流动时所需克服的压降是130m，这两台泵都能独立完成输油任务，通过计算对比选择合适的泵，使运行较为经济。

解：使用1#泵节流20m，而使用2#泵节流10m，考虑效率后1#泵所消耗的功率为：

$$N_1 = \frac{\rho g QH}{\eta_1} = \frac{150\rho g Q}{80\%} = 187.5\rho g Q$$

2#泵消耗的功率为：

$$N_2 = \frac{\rho g QH}{\eta_2} = \frac{140\rho g Q}{73\%} = 191.8\rho g Q$$

$N_2 > N_1$，所以尽管第二台泵节流小，但由于其效率低而造成所消耗的功率比第一台泵大，因此确定输油泵的组合方案时，要综合考虑并以所耗功率较小的1#泵比较经济。

评分标准：列出前两个公式各占40%，说出选择结果及原因占20%。

3. AB03 已知某站距下站距离为59.4km，出站温度为40℃，下站进站温度35.5℃，管道埋深处1月平均低温1.03℃，月输量234×10⁴t，管径813mm，请问此时该站间平均传热系数 $[J/(m^2 \cdot s \cdot ℃)]$。

已知：$G = 902.8kg/s$；$C = 2100J/kg$；$D = 0.813m$，$t_c = 40℃$；$t_0 = 1.03℃$；$t_j = 35.5℃$。

解：原有比热容按2100J/（kg·℃）计算，将输油量234×10⁴t/月换算为902.8kg/s，带入公式：

$$k = \frac{GC}{\pi DL}\ln\frac{t_c - t_0}{t_j - t_0} = \frac{902.8 \times 2100}{3.1416 \times 0.813 \times 59400}\ln\frac{40 - 1.03}{35.5 - 1.03} = 12.5 \times 0.123 = 1.53$$

答：该站间1月份平均传热系数为 $1.53J/(m^2 \cdot s \cdot ℃)$

评分标准：列出公式占50%，代入数据并计算正确各占40%，有答案占10%。

4. BB01 某公司原油管线某年上半年完成工作量2479229×10⁴t·km，实现综合单耗90.96kgce/（10⁴t·km），而上年同期完成工作量2378358×10⁴t·km，实现综合单耗110.3kgce/（10⁴t·km），请利用单耗法计算该公司某年上半年与上年同期相比节约标准煤量。

已知：$e_m = 101.3kgce/(10^4t \cdot km)$；$e_b = 90.96kgce/(10^4t \cdot km)$；$G_b = 2479229 \times 10^4t \cdot km$。

解：

$$\varepsilon = (101.3 - 90.96) \times 2479229 = 24891459kg(标准煤) = 24891t(标准煤)$$

答：该公司某年上半年共节约标准煤24891t。

评分标准：列出公式占50%，代入数据占35%，答案正确占15%。

5. BC02 已知某站输送大庆原油，其运行参数为：进站油温32.56℃，出站油温45.8℃，泵温升1.5℃，地温4.6℃；月输油量99.3229×10⁴t，消耗燃料油658.612t，请计算该站的热能利用效率。

已知：$G = 99.3229 \times 10^4t$；$c = 2.4537kJ/(kg \cdot ℃)$；$t_0 = 44.11℃$；$t_{bj} = 32.57℃$；$t_{bs} = 1.5℃$；$q_{dw} = 42025 kJ/kg$；$B = 658.612t$。

解：根据大庆原油物性，其比热容为2.4537kJ/（kg·℃），低位发热值为42025kJ/kg。

$$\eta = \frac{GC(t_c - t_{bj} - t_{bs})}{q_{dw}B} =$$

$$\frac{99.3229 \times 10000 \times 1000 \times 2.4537 \times (44.11 - 32.57 - 1.5)}{42025 \times 668.612 \times 1000} = \frac{2.4468 \times 10^{10}}{2.8098 \times 10^{10}} = 0.87$$

答：该站的热能利用效率为87%。

评分标准：列出公式40%，代入数据并计算正确占50%，有答案占10%。

6. BC02 已知某公司某站2014年2月计划输送大庆原油$100 \times 10^4 t$，上站来油进站温度为34.8℃，原油经过本站月平均出站温度约为45.3℃，该站加热炉平均效率为87%，请测算本月该站约需燃料油多少吨，约折合天然气多少立方米？

已知：$G = 100 \times 10^4 t$；$c = 2.4537 kJ/(kg \cdot ℃)$；$t_0 = 45.3℃$；$t_{bj} = 34.8℃$；$q_{dw} = 42025$ kJ/kg；$\eta = 0.87$。

解：根据大庆油物性，其比热容取$2.4537 kJ/(kg \cdot ℃)$，低位发热值取42025kJ/kg。

（1）计算燃料油消耗量$B$。

$$B = \frac{GC(t_c - t_{bj})}{q_{dw} \times \eta} = \frac{100 \times 10000 \times 1000 \times 2.4537 \times (45.3 - 34.8)}{42025 \times 0.87 \times 1000} = 704.67t$$

由于没有给出替换燃料油的天然气实际热值，为此天然气低位发热值按标准天然气热值38979kJ/m³计算，704.67t大庆油折合天然气为：

$$B_{trq} = \frac{Bq_{dw}}{q_{qdw} \times 10000} = \frac{704.67 \times 1000 \times 42025}{38979 \times 10000} = 75.97 \times 10^4 m^3$$

答：2月该站约需消耗燃料油704.67t；折合天然气$75.97 \times 10^4 m^3$。

评分标准：列出公式（1）占30%，代入数据并计算正确占30%；折算出天然气量占30%；有答案占10%。

# 高级资质工作任务认证

## 高级资质工作任务认证要素细目表

| 模块 | 代码 | 工作任务 | 认证要点 | 认证形式 |
|---|---|---|---|---|
| 一、节能节水统计与分析 | S-NY-02-G02 | 节能节水分析 | 根据月度、季度及年度输油气计划，测算下月或本年度的指标完成情况，随时掌握本单位能耗情况 | 案例分析 |
| 二、节能节水测试及节能型企业创建 | S-NY-03-G01 | 节能节水测试 | 根据节能监测报告提出的问题及建议制定整改方案，并组织整改。深入开展节能节水潜力分析 | 案例分析 |
| | S-NY-03-G02 | 节能节水型企业创建 | 筛选、审查合理化建议，参与编制节能节水技措改造方案，对改造后的项目运行情况进行分析 | 案例分析 |

## 高级资质工作任务认证试题

**一、S-NY-02-G02 节能节水分析——根据月度、季度及年度输油气计划，测算下月或本年度的指标完成情况，随时掌握本单位能耗情况。**

问：根据公司某月某季度能源消耗情况表，计算公司各介质预计节能量和各介质节能价值量。

提供资料：某月份公司能源统计表、公司指标完成情况，公司节能指标。

1. 考核时限：90min。
2. 考核方式：案例分析。
3. 考核评分表。

考生姓名：＿＿＿＿＿＿＿＿＿　　　　单位：＿＿＿＿＿＿＿＿＿

| 序号 | 考核项目 | 评分要素 | 配分 | 评分标准 | 扣分 | 得分 | 考核结果 |
|---|---|---|---|---|---|---|---|
| 1 | 查询数据信息 | 正确识读公司能源消耗统计表，准确找到原油管线、成品油管线和天然气管线节能量和节能价值量计算所需数据信息 | 30 | 找错原油、成品油和天然气其中一项介质数据信息扣10分 | | | |

续表

| 序号 | 考核项目 | 评分要素 | 配分 | 评分标准 | 扣分 | 得分 | 考核结果 |
|---|---|---|---|---|---|---|---|
| 2 | 计算综合能耗 | 根据查询到的数据信息计算出综合能耗 | 10 | 计算错误扣10分 | | | |
| 3 | 计算节能量 | 正确计算出3种介质节能量 | 30 | 计算错误一种介质扣10分 | | | |
| 4 | 计算节能价值量 | 正确计算出3种介质节能价值量 | 30 | 计算错误一种介质扣10分 | | | |
| | 合计 | | 100 | | | | |

考评员　　　　　　　　　　　　　　　　　　　　　　　　　　　年　　月　　日

## 二、S-NY-03-G01 节能节水测试——根据节能监测报告提出的问题及建议制订整改方案，并组织整改。深入开展节能节水潜力分析

问：某输油管线油耗测算。

提供资料：管线输油计划、运行方案、站间基本参数、历史运行参数、站间环境参数、油品参数、加热炉参数、计算所涉及的公式等。

1. 考核时限：120min。

2. 考核方式：案例分析。

3. 考核评分表。

考生姓名：＿＿＿＿＿＿＿＿＿　　　　　　　　　　　　　　　　单位：＿＿＿＿＿＿＿＿＿

| 序号 | 考核项目 | 评分要素 | 配分 | 评分标准 | 扣分 | 得分 | 考核结果 |
|---|---|---|---|---|---|---|---|
| 1 | 筛选历史数据 | 筛选出总传热系数计算所需的历史运行参数，排除数据中的异常点或特殊工况下的数据 | 10 | 不对数据进行筛选扣10分 | | | |
| 2 | 反算总传热系数 | 运用苏霍夫公式根据历史运行参数反算各站间总传热系数 | 30 | 根据站间数量，每计算错误一个站间，按比例扣分 | | | |
| 3 | 计算各站进站油温 | 根据运行方案和输油计划测算各输油站进站油温 | 30 | 根据站间数量，每计算错误一个站间，按比例扣分 | | | |
| 4 | 计算各站油耗 | 运用加热炉耗油计算式测算各站耗油量 | 30 | 根据站间数量，每计算错误一个站间，按比例扣分 | | | |
| | 合计 | | 100 | | | | |

考评员　　　　　　　　　　　　　　　　　　　　　　　　　　　年　　月　　日

## 三、S-NY-03-G02 节能节水型企业创建——筛选、审查合理化建议，参与编制节能节水技措改造方案，对改造后的项目运行情况进行分析

问：定性分析管线输量、结蜡厚度、地温、燃料油物性、管径变化对输油站油耗的影响。定性分析输送油品物性、温度、管径、油品输量、流速等对输油站电耗的影响。

1. 考核时限：30min。
2. 考核方式：案例分析。
3. 考核评分表。

考生姓名：_____                单位：_____

| 序号 | 考核项目 | 评分要素 | 配分 | 评分标准 | 扣分 | 得分 | 考核结果 |
|---|---|---|---|---|---|---|---|
| 1 | 各因素对油耗的影响 | （1）输量越大，一方面将油量加热到输送温度所需的燃料油越多；另一方面输量的增加，管道沿线温降减小；<br>（2）结蜡厚度的增加，管道保温效果越好，沿线热损失减少；<br>（3）地温越高，能耗越低；<br>（4）燃料油热值越高，加热相同数量的油流，消耗燃料油越少；<br>（5）管径变大，管道沿线散热面积增加，热损失增加 | 50 | 分析错一个因素扣10分 | | | |
| 2 | 各因素对电耗的影响 | （1）油品黏度越高，沿程摩阻越大，管线耗电越大；<br>（2）输油温度越高，油流流动性越好，耗电越低；<br>（3）通常流态不变的情况下，管径变大，耗电减小；<br>（4）油流输量越大，耗电越大；<br>（5）流速对耗电的影响具体得根据流态进行估算 | 50 | 分析错一个因素扣10分 | | | |
| | 合计 | | 100 | | | | |

考评员                                              年    月    日

176

# 参　考　文　献

[1] 中共中央关于制定国民经济和社会发展第十一个五年规划的建议[J]. 求是，2005(20)：3-12.

[2] 发改委公布 25 亿元节能减排投资计划[J]. 有色冶金节能，2009，24(1)：77.

[3] 张墨新. 节能减排成为考核政府和企业负责人的重要内容[J]. 中国特种设备安全，2010(8)：69-70.

[4] 于秀玲，马妍. 扎实深入推进重点企业清洁生产——我国推行清洁生产面临的问题及对策[J]. 环境保护，2010(16)：15-17.

[5] 亮剑. 全国节能减排政策一览[J]. 广东科技，2009，215(7)6-9.

[6] 辛旺. 国家国资委：中央企业节能减排成效显著[J]. 广西电业，2008，97(4)：13.

[7] 尧慧文. 节能减排大有可为[J]. 政策，2007(3)：21.

[8] 关玉芬. 交通装备制造企业节能减排工作的管理现状及技术发展[J]. 铁道劳动安全卫生与环保，2010，37(1)：17-19.

[9] 潘连生. 关注煤化工的污染及防治[N]. 中国化工报，2009-12-16.

[10] 中华人民共和国国务院. 国务院关于印发节能减排“十二五”规划的通知[R/OL]. http：//www. gov. cn/zwgk/2012-08/21/content_ 2207867. htm.

[11] 孙德刚，吴照云. 石油石化企业节能节水管理[M]. 北京：石油工业出版社，2003：1-42.

[12] 俞伯炎，吴照云，孙德刚. 石油工业节能技术[M]. 北京：石油工业出版社，2000：31-58.

[13] 茹慧灵，闫宝东. 输油管道节能技术概论[M]. 北京：石油工业出版社，2000：55-76.

[14] 姬忠礼，邓志安，赵会军等. 泵和压缩机[M]. 北京：石油工业出版社，2008：1，100-103，175-186，195.

[15] 茹慧灵，闫宝东. 输油管道节能技术概论[M]. 北京：石油工业出版社，2000：80-99.

[16] 杨筱蘅. 输油管道节能技术概论设计与管理[M]. 山东：中国石油大学出版社，2011：23-46.

[17] 王树立，赵会军. 输气管道设计与管理[M]. 北京：化学工业出版社，2006：1-31.

[18] 关博欣. 液流热能发生器在河南地区的应用[J]. 河南科技，2014(18)：85.

[19] GB 17167—2006　用能单位能源计量器具配备和管理通则[S].

[20] GB/T 20901—2007　石油石化行业能源计量器具配备和管理要求[S].

[21] 孙德刚，吴照云. 石油石化企业节能节水管理[M]. 北京：石油工业出版社，2003：30-50.

[22] GB/T 2589—2008 综合能耗计算通则[S].

[23] 孙德刚，吴照云. 石油石化企业节能节水管理[M]. 北京：石油工业出版社，2003：64-75.

[24] GB/T 3484—2009　企业能量平衡通则[S].

[25] Q/SY GD1062—2014　主要耗能设备能耗测试评价手册[S].

[26] Q/SY 151—2006　节能节水型企业考核评价规范[S].

[27] Q/SY 1211—2009　节能节水型企业考核评价细则[S].